中等职业教育电子类专业系列

U0670638

电工技术基础与技能 辅导与练习

（第二版）

DIANGONG JISHU JICHU YU JINENG
FUDAO YU LIANXI

主　编　杨清德　赵顺洪　李命勤

副主编　李一明　杜承蔚　冉　燕

编　者　鞠　红　陈永红　周诗明

　　　　李　伟　吴　雄　胡善淼

　　　　冉小平　金远平　练富家

重庆大学出版社

内容提要

本书是中等职业教育电子类专业核心课程《电工技术基础与技能》的配套教学用书,结合近几年职教高考考试大纲的要求编写而成。本书从学习目标、知识要点、解题示例、课堂练习、自我检测和模拟考试等方面给学生提供学习辅导与练习。

本书可供中等职业教育电子技术类、电气技术类专业的一、二年级学生使用,也可作为高三年级学生参加高考升学考试复习用书,还可作为电类专业人员参加职业技能鉴定考试的教学辅导用书。

图书在版编目(CIP)数据

电工技术基础与技能辅导与练习／杨清德,赵顺洪,李命勤主编. --2 版. --重庆:重庆大学出版社,2022.8(2024.4 重印)
中等职业教育电子类专业系列教材
ISBN 978-7-5624-8752-4

Ⅰ.①电… Ⅱ.①杨… ②赵… ③李… Ⅲ.①电工技术—中等专业学校—教学参考资料 Ⅳ.①TM

中国版本图书馆 CIP 数据核字(2022)第 133825 号

中等职业教育电子类专业系列教材
电工技术基础与技能辅导与练习
(第二版)

主 编 杨清德 赵顺洪 李命勤
副主编 李一明 杜承蔚 冉 燕
责任编辑:陈一柳 版式设计:陈一柳
责任校对:王 倩 责任印制:赵 晟

*

重庆大学出版社出版发行
出版人:陈晓阳
社址:重庆市沙坪坝区大学城西路 21 号
邮编:401331
电话:(023) 88617190 88617185(中小学)
传真:(023) 88617186 88617166
网址:http://www.cqup.com.cn
邮箱:fxk@ cqup.com.cn (营销中心)
全国新华书店经销
重庆天旭印务有限责任公司印刷

*

开本:787mm×1092mm 1/16 印张:8.25 字数:197 千
2015 年 1 月第 1 版 2022 年 8 月第 2 版 2024 年 4 月第 11 次印刷
ISBN 978-7-5624-8752-4 定价:25.00 元

前　言

　　中等职业教育是职业教育的起点而不是终点,已从单纯"以就业为导向"转变为"就业与升学并重"的多元化发展。抓好符合职业教育特点的升学教育,在保障学生技术技能培养质量的基础上,加强文化基础教育,打开中职学生的成长空间,让更多中职学生走进高校殿堂,在学习的道路上越走越远、越走越稳。职教高考的重要性不言而喻,学生们都要重视这一次考试,高考之前的每一次努力会带来更多改变命运的可能性。

　　第一版的《电工技术基础与技能辅导与练习》已陪同学们走过了7年时光,也见证了职业教育日新月异的发展历程。为适应职教高考新常态的要求,对原书内容进行全面修订后的第二版教材具有以下特点:

　　1.内容同步教材考纲

　　对教材内容和考试大纲的动向做了前瞻性预测,内容深度、广度做了适度拓展,确保使用效果长效性。本书既适合学生第一次学习时作为课堂练习使用,又适合学生高考复习时使用。

　　2.例题典型解析全面

　　通过典型例题帮助学生提高解题能力,不但阐述了解题的过程,突出了解题的思路、方法和技巧,还对学生易出错处加以点评,适合学生自学的需要。

　　3.习题组合量大面广

　　选择了大量适合中职生的练习题,难易适度,供学生练习、巩固和提高。本书除了突出习题的基础性和针对性外,还适当选择了一些具有相当难度的高考原题,进一步提高学生的解题能力。所有习题均附有答案,有需要的读者请在重庆大学出版社网站下载。

　　本书由杨清德、赵顺洪、李命勤担任主编,李一明、杜承蔚、冉燕担任副主编,参加本次修订工作的还有鞠红、陈永红、周诗明、李伟、吴雄、胡善淼、冉小平、金远平、练富家等老师。

　　本书题材选取围绕课程的重点、难点和考点,详实、系统且全面,适合于电子与信息技术专业、电气技术专业学生使用。本书在编写过程中,得到重庆市教育科学研究院职业教育与成人教育研究所、重庆大学出版社、重庆市中等职业教育加工制造电子专业大类中心教研组以及各参编教师所在学校等单位领导的大力支持,在此一并表示感谢!

　　由于编者水平有限,书中难免存在不当之处,恳请读者批评指正,意见请发杨清德邮箱 370169719@ qq.com,以便进一步改进。

编　者

2022 年 4 月

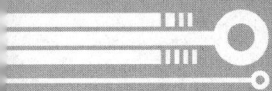

Contents 目录

第一章　认识实训室与安全用电

学习目标

(1) 了解电工实训室的电源配置情况；

(2) 了解常用电工工具及其主要用途；

(3) 掌握安全电压值,理解安全用电的重要性；

(4) 能辨别触电的种类和原因,知道防止触电的保护措施和触电的现场抢救办法。

知识要点

1.电工实训室的电源配置

实训室的交流电源包括总供电交流电源和每个实训操作台的交流电源两部分。①总供电交流电源由一个配电控制箱组成,一般采用三相五线制电源(即三根相线、一根零线和一根接地线)供电。②每个实训操作台的交流电源一般位于实训台的左侧。

实训室的直流电源常采用输出电压可调的直流电源。

2.电工仪器仪表与电工工具

①常用的电工仪器仪表有电压表、电流表、万用表、钳形电流表、兆欧表,其功能及用途见教材。

②常用的电工工具有电烙铁、螺丝刀、试电笔、电工刀、钢丝钳、尖嘴钳、斜口钳、剥线钳、活扳手等,其功能及用途见教材。

3.安全电压

较长时间接触不会对人体造成伤害(不致死或致残)的电压称为安全电压。我国规定了 5 个安全电压等级,即 42 V、36 V、24 V、12 V、6 V。

4.安全用电要注意的问题

①建立完善的安全用电制度,树立安全用电意识。

②操作规范,养成安全用电的习惯。

③即使是安全电压,也有可能产生不安全因素,同样需要安全用电。

5.触电的种类及原因

当人体接触带电物体时,在电流的作用下造成对人体伤害的现象称为触电。触电的种类有电击和电伤两类。

①电击是指因电流直接通过人体造成对人体的伤害。

②电伤是指因电流的热效应、机械效应和化学效应等造成对人体的伤害。

6.触电方式

平常说的触电,大多是电击。在电击中,造成人体触电的类型有 3 种:单相触电、两相触电和跨步电压触电。

7.预防止触电的保护措施

①加强绝缘措施。

②加强自动断电保护措施。

③对设备采取接地和接零线保护措施。

④加强警示。

⑤间距措施。

⑥屏护措施。

8.触电的现场处理

①让触电者尽快脱离电源。常用的方法有拉闸(切断电源)、拉离(让触电者脱离电源)、挑开(用绝缘杆拨开触电者身上的电线)、抛线(抛接地线,使电路跳闸)。

②触电发生时,当触电者脱离电源后,应尽量将他移至通风干燥处仰卧,松开衣领、裤带,畅通呼吸道。对触电者急救越及时,救治效果就越好,见表1-1。

表 1-1　急救时间与救治效果

开始急救时刻	救治效果
1 min	90%有良好效果
6 min	10%有良好效果
12 min	救活的可能性极小
超过 15 min	基本上是触电者死亡

③对于意识清醒、呼吸心跳均自主者,让触电者就地平躺,严密观察,暂时不要他站立或走动,防止休克。

④若发现触电者呼吸停止,一般可采用口对口人工呼吸法进行急救;发现触电者心跳停止时,一般可采用胸外心脏按压法进行急救。

⑤边急救,边呼叫120。就近送触电者去医院治疗。

9.电气火灾的预防与扑救

①产生电气火灾的原因主要有线路过载、电气设计不良、电气设备使用不当、电气线路老化等。

②预防电气火灾需注意:建立完善电气安全制度,规范用电,正确使用电气设备;保证电气设计合理,电气施工规范;保证电气设备和线路的定期检查、维护和清洁。

③对电气火灾的扑救灭火分为断电灭火、带电灭火和对充油电气设备的灭火。

带电灭火不能用直射水流、泡沫等进行喷射,一般采用二氧化碳,以及干粉灭火器进行灭火。

课堂练习题

一、填空题

1.下列常用工具中电工刀的作用是_____;尖嘴钳的作用是_____;剥线钳的作用是_____。

2.电击是指_____。

3.电伤是指_____。

4.触电是指_____。

5.跨步电压触电是指人进入发生接地的高压散流场所时,电流_____触电方式。

6.接地保护分为_____和_____两种方式。

7.在日常生活中使用的单相交流电的有效值是_____,频率是_____。

8.可用于带电灭火的灭火器主要有_____、_____、_____等。

二、判断题

1.尖嘴钳多用于在狭小空间操作,钳夹小零件等。　　　　　　　　　(　　)

2.家庭用电中常用的低压断路器具有自动断电功能。　　　　　　　　(　　)

3.两相触电比单相触电更危险。　　　　　　　　　　　　　　　　　(　　)

4.用钳形电流表测量电动机的工作电流时,可以不断开线路直接进行测量。(　　)

5.由于保护接地需要有一套可靠的接地装置,对于不具备条件的家庭和规模小的单位,在安全用电上,一般都采用保护接零措施。　　　　　　　　　　　(　　)

6.触电者是否还有心跳,施救者可用手指探测颈动脉是否有搏动来判断。(　　)

7.保护接零适用于中性点不接地的系统。　　　　　　　　　　　　　(　　)

8.救护人可以用双手缠上围巾拉住触电人的衣服,把触电人拉离带电体。(　　)

三、选择题

1.做胸外心脏按压法时,按压的着力部位是(　　　)。

　A.十指,压挤触电者腹部　　　　　　　　B.手掌,压挤触电者胸部

　C.掌跟,压挤触电者胸骨以下横向1/2处　D.手掌全部着力,推压胸腹部

2.我国规定的安全电压为42 V、36 V、(　　　)。

A.220 V、380 V　　　　　　　　　　B.380 V、12 V

C.220 V、6 V　　　　　　　　　　　D.24 V、12 V

3.某下雨天,一电线杆被风吹倒,引起一相电线断线掉地,路上某人在附近走过时被电击摔倒,他所受到的电击属于(　　　　)。

　　A.单相电击　　　　　　　　　　B.两相电击

　　C.接触电压电击　　　　　　　　D.跨步电压电击

4.电流流过人体的路径,以从(　　　　)对人体的伤害程度最大。

　　A.右手至脚　　　　　　　　　　B.左手至脚

　　C.左手至右手　　　　　　　　　D.左脚至右脚

5.人体在地面或其他接地导体上,人体某一部分触及一相带电体的电击事故称为(　　　　)。

　　A.两相电击　　　　　　　　　　B.跨步电压电击

　　C.接触电击　　　　　　　　　　D.单相电击

6.对 380 V/220 V 中性点直接接地的低压系统,如人体电阻为 1 000 Ω,则遭受单相电击时,通过人体的电流约为(　　　　)。

　　A.30 mA　　　　B.220 mA　　　　C.380 mA　　　　D.1 000 mA

7.380 V/220 V 低压系统,如人体电阻为 1 000 Ω,则遭受两相电击时,通过人体的电流约为(　　　　)。

　　A.30 mA　　　　B.220 mA　　　　C.380 mA　　　　D.1 000 mA

8.(　　　　)的连接方式称为保护接地。

　　A.将电气设备外壳与中性线相连

　　B.将电气设备外壳与接地装置相连

　　C.将电气设备外壳与其中一条相线相连

　　D.将电气设备的中性线与接地线相连

9.试电笔不可用来(　　　　)。

　　A.判断有电无电　　　　　　　　　　B.区别相线和中性线

　　C.判断电压高低　　　　　　　　　　D.判断电流大小

10.将用电器的带电部分用金属板与外界隔离,称为(　　　　)。

　　A.屏护措施　　　　B.间距措施　　　　C.绝缘措施　　　　D.自动断电措施

四、简答题

1.移动家用电器时,为什么一定要拔下电源插头?

2.试说明保护接地装置能保护人身安全的原因。

自我检测题

一、填空题

1.实训室的电源一般由 _____ 和 _____ 两部分组成。

2.万用表能够测量的基本物理量有 _____ 、 _____ 和 _____ 等。

3.试电笔是检查线路是否 _____ 的重要工具。

4.钳形电流表简称 _____ ,可用于测量 _____ 电路的电流。

5.兆欧表可以用来测量电阻值 _____ 的电阻(填:较大或者较小),常用于测量设备的 _____ 电阻。

6.国家规定,常用的安全电压等级有 _____ 、 _____ 、 _____ 、 _____ 、 _____ 5个等级。

7.人体触电的常见类型有 _____ 和 _____ 两类。

8.在电击中,造成人体触电的方式主要有 _____ 、 _____ 、 _____ 。

9.发现有人触电,最重要的急救措施是使触电者 _____ 。

10.产生电气火灾的原因有 _____ 、 _____ 、 _____ 和 _____ 。

11.为了保证实训教学的安全,一般在电工实训工作台的台面上铺上一层 _____ ,以此作为绝缘措施。

12.防止触电的保护措施主要有 _____ 、 _____ 、 _____ 和 _____ 。

二、判断题

1.人体必需长时间接触带电线路和设备的场所时,应采用24 V安全电压。　　　　(　　)

2.人体的不同部位同时接触带电的火线和零线造成的触电,叫两相触电。　　(　　)

3.发现有人触电,首先打电话120呼救,然后迅速切断电源进行急救。　　(　　)

4.遇到保险丝突然烧断,手边没保险丝时,可用其他金属丝临时代替,以保证用电。

(　　)

5.家庭用电中常用的空气开关(断路器),当发生触电时具有自动断电功能。　(　　)

6.如果触电者呼吸和心跳均无,施救者只有一人在场,只能采取口对口人工呼吸法和胸外心脏按压法交替进行施救。　　　　(　　)

7.如果发现触电者眼皮会动、有吞咽动作时,即可停止抢救。　　(　　)

8.电动机维修完成后,应认真检查,看是否有工具和材料遗留在机器内。　(　　)

9.选用插座时,插座工作电流必须大于用电器工作电流峰值。　　(　　)

10.对电火灾灭火时,可以使用泡沫灭火器和干粉灭火器。　　(　　)

三、选择题

1.遇见附近发生高压线掉落在地上时,应采取的措施是(　　)。

A.快速大步跑开　　　　B.双脚并拢跳开　　　　C.原地不动　　　　D.都不对

2.采用保护接地和保护接零措施的主要目的是(　　　　)。

A.既保护人身安全又保护设备安全

B.保护人身安全

C.保护电气线路安全

D.保护电器设备安全

3.(　　　　)属于禁止类标示牌。

A.止步,高压危险　　　　　　　　　　B.禁止合闸,有人工作

C.禁止攀登,高压危险　　　　　　　　D.在此工作

4.电对人体的伤害,主要来自(　　　　)。

A.电压　　　　　　　B.电流　　　　　　　C.电磁场　　　　　　　D.电弧

5.不会使人发生电击危险的电压是(　　　　)。

A.交流电压　　　　　B.安全电压　　　　　C.跨步电压　　　　　D.直流电压

6.在低压配电系统(　　　　)的主干线上不允许装设断路器或熔断器。

A.U 相线　　　　　　B.V 相线　　　　　　C.W 相线　　　　　　D.N 线

7.在触电现场有一块干燥木板,使触电者脱离电源的措施是(　　　　)。

A.用木板打断导线

B.用木板把人与带电体隔开

C.站在木板上把触电者拉离电源

D.都不对

8.带电灭火不宜采用(　　　　)。

A.干砂　　　　　　　B.1211 灭火器　　　　C.干粉灭火器　　　　D.水

9.我国安全电压标准规定的最高安全电压是(　　　　)。

A.12 V　　　　　　　B.24 V　　　　　　　C.36 V　　　　　　　D.42 V

10.使用灭火器扑救火灾时要对准火焰(　　　　)喷射。

A.上部　　　　　　　B.中部　　　　　　　C.根部　　　　　　　D.上述部位均可

四、简答题

1.简要说明安全电压各个等级的适用场合。

2.因生产需要,如果必须要带电操作,施工前应该做好哪些准备工作?

3.预防电气火灾,需注意哪些方面事项?

4.结合所学知识,谈谈应该如何保养维护电工刀、电工钳、验电笔等常用电工工具?

5.请你写出学校实训室安全用电的有关规定(至少列举 5 个不同的规定)。

第二章　直流电路

学习目标

(1)了解电路的基本组成及基本功能,理解电路模型;

(2)了解电池的分类及其特点;

(3)掌握电路基本物理量的概念和含义,会进行电路基本物理量的计算;

(4)掌握用万用表测量直流电压和直流电流的方法;

(5)掌握电阻定律及其应用;

(6)掌握指针万用表测量电阻的方法;

(7)掌握部分电路欧姆定律、全电路欧姆定律及其应用,能用支路电流法分析两个网孔的电路;

(8)掌握串联电路的特点及分压公式;

(9)掌握并联电路的特点及分流公式;

(10)掌握混联电路的特点及等效电阻的计算;

(11)掌握基尔霍夫定律及其应用;

(12)掌握电路中各点电位的计算;

(13)理解电桥电路及其平衡条件;

(14)理解负载获取最大功率的条件,能进行最大功率的计算。

知识要点

一、电路的组成与电路模型

电路通常由电源、负载、控制与保护装置和连接导线 4 部分组成。

电路有通路(导通)、开路(断路)、短路 3 种状态。

用一些简单的特定文字、符号、图形来代替这些电子器材和设备的实物,这些特定的符号就是电子元件模型,简称电子元件。

二、常用电池

1.电池的最重要参数

电池最重要的参数有两个:额定电压和额定容量。

额定电压是指电池能够提供的额定输出电压值,不同电池的额定电压也不相同,常用的有 1.2 V,1.5 V,3.3 V,9 V,12 V,15 V 等。

额定容量是指电池容纳电量的多少,一般用放电电流与放电时间的乘积来表示,常用的单位为 A·h(安时)或 mA·h(毫安时)。

2.电池的种类

根据电池的使用寿命不同,可分为一次性电池和充电电池(俗称蓄电池)两大类。根据电池的外形不同,可分为圆柱形、方形、纽扣形和薄片形等电池。

三、电路的基本物理量

电路中的基本物理量包括电动势、电流、电压、电位、电能、电功率等。

1.电动势

(1)电源力

在电源外部,电场力总是把正电荷从高电位沿负载移动到低电位;而在电源内部,电源力总是不断地将正电荷从电源负极移动到电源正极。存在于电源内部的非静电性质的力,称为电源力。

(2)电动势的定义

电动势等于在电源内部,电源力将正电荷从电源的负极移动到正极,反抗电场力所做的功与被移动电荷电量的比值,即:

$$E = \frac{W}{q}$$

式中　E——电源电动势,单位为伏[特],符号为 V;

　　　W——非静电力移动电荷所做的功,单位焦[耳],符号为 J;

　　　q——被移动电荷电量,单位为库[仑],符号为 C。

电动势是衡量电源力做功能力大小的物理量,它只存在于电源的内部。

(3)电动势的方向

电动势的方向由电源的负极经内部指向正极。

2.电流

(1)定义

电荷的定向移动形成电流。电流 I 的大小等于流过导体横截面积的电荷量 q 与所用时间 t 的比值,即:

$$I = \frac{q}{t}$$

式中 q——电荷电量,单位为库[仑],符号为 C;

   t——时间,单位为秒,符号为 s;

   I——电流,单位为安[培],符号为 A。常用的电流单位还有毫安(mA)、微安(μA),它们的关系为:

$$1 \text{ A} = 1\ 000 \text{ mA};1 \text{ mA} = 1\ 000 \text{ μA}$$

(2)电流的规定方向

规定正电荷定向移动的方向为电流方向。在金属导体中,电流的方向与自由电子定向运动方向相反。

小技巧

记忆口诀

形成电流有规定,电荷定向之移动。

正电移动的方向,定为电流的方向。

金属导电靠电子,电子方向电流反。

---

(3)电流的参考方向

在电路分析与计算时,有时可以假设电流的参考方向。如果计算出电流值为负,则说明电流实际方向与参考方向相反,如图 2-1 所示。

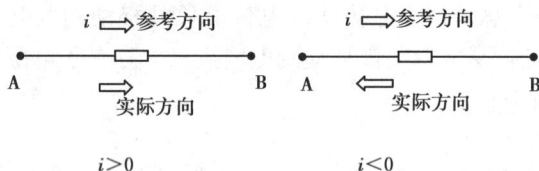

图 2-1

3.电压

(1)定义

在外加电压的作用下,电荷会定向移动形成电流。当电场力将电荷从 A 点移动到 B 点时,电压(U_{AB})的大小等于它移动电荷时所做的功 W 与被移动的电荷量 q 之比值,即:

$$U_{AB} = \frac{W}{q}$$

式中 W——运送电荷所做的功,单位为焦[耳],符号为 J;

   q——被移动电荷电量,单位为库[仑],符号为 C;

   U_{AB}——电压,单位为伏[特],符号为 V。常用的电压单位还有千伏(kV)、毫伏(mV)、微伏(μV),它们的关系为:

$$1 \text{ kV} = 1\ 000 \text{ V};1 \text{ V} = 1\ 000 \text{ mV};1 \text{ mV} = 1\ 000 \text{ μV}$$

（2）电压的规定方向

规定电压的方向为从高电位指向低电位，即电位降低的方向。

在电路图中，电压的方向一般用箭头表示。

注意：电压是标量，其方向只表示电位的高低。

小技巧

记忆口诀

电位之差是电压，电压永远有正负。

电压方向高向低，国际单位为伏特。

电压等级有多种，额定电压最安全。

（3）电压的参考方向

电压的参考方向有 3 种表示方法，这 3 种表示方法的意义相同，如图 2-2 所示。

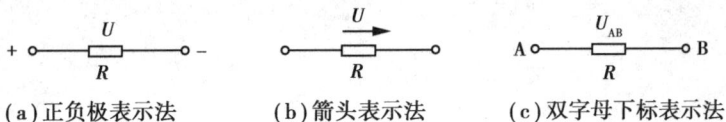

（a）正负极表示法　　　（b）箭头表示法　　　（c）双字母下标表示法

图 2-2

（4）电压与电动势的相同点和不同点

电压与电动势的表达式相同，都为 $\dfrac{W}{q}$，且它们的单位名称也相同（都为伏［特］）。可是二者有显著的区别，主要表现在：

①含义不同。电动势是衡量电源内部非静电力做功能力大小的物理量，而电压是衡量电源外部电路中电场力做功能力大小的物理量。

②存在位置不同。电动势只存在于电源内部，而电压既存在于电源的外部，也存在于电源的内部。

③方向不同。电动势的方向是由负极指向正极，而电压的方向是由正极指向负极。

4.电位

（1）定义

在电路中，如果选定一点为参考点，则某一点到参考点之间的电压称为该点的电位。

$$U_{AB} = V_A - V_B$$

（2）电压与电位的联系和区别

①联系：它们的单位相同都是 V（伏［特］）；电压等于电位之差，即 $U_{AB} = V_A - V_B$。

②区别：电位是指某点与参考点的电压，其数值是相对的，它的大小与参考点选择有关；电压总是存在于电场中的两点之间，其数值是绝对的，它的大小与参考点选择无关。

5.电能

（1）定义

电场力在一段时间内所做的功称为电功,数值上就等于电路所消耗的电能。

$$W = Uq = UIt = Pt$$

（2）电能的单位

电能的单位为焦[耳],符号为 J。在生活中,电能通常用千瓦时(kW·h)来表示大小,也称为度(电)。

$$1 \text{ 度(电)} = 1 \text{ kW·h} = 3.6 \times 10^6 \text{ J}$$

即功率为 1 000 W 的供能或耗能元件,在 1 小时的时间内所发出或消耗的电能量为 1 度(电)。

（3）常用计算公式

对于纯电阻电路,电能的计算公式还可以为:

$$W = \frac{U^2}{R} t = I^2 R t$$

6.电功率

电场力在单位时间内所做的功称为电功率,简称功率,用符号 P 表示,其表达式为:

$$P = \frac{W}{t}$$

式中　W——电功,单位为焦[耳],符号为 J;

t——所做功的时间,单位为秒,符号为 s;

P——电功率,单位为瓦[特],符号为 W。

电功率的计算公式还可以写成:

$$P = UI = \frac{U^2}{R} = I^2 R$$

小技巧

记忆口诀

电灯电器有标志,额定电压额功率。

消耗电能的快慢,功率为 P 单位瓦。

常用代号达不溜,大的单位为千瓦。

功率计算有多法,阻性负载压乘流。

电流平方乘电阻,也可算出电功率。

四、测量直流电路中的电流、电压

1.测量直流电路中的电流

直流电流的测量方法是将电流表串联接入被测电路中进行测量。

注意：①电流表要选择合适的量程或挡位。

②电流表串联接入被测电路时，保证电流从"+"接线柱（红色）流进，从"-"接线柱（黑色）流出。

2.测量直流电路中的电压

直流电压的测量方法是将电压表并联在被测器件的两端进行测量。

注意：①电压表要选择合适的量程或挡位。

②电压表并联接入被测电路时，保证电流从"+"接线柱（红色）流进，从"-"接线柱（黑色）流出。

在实际测量过程中，常常用万用表来代替电压表进行测量。

五、电阻

（1）电阻的定义

当电流流过某种物质时，物质对电流有一定的阻碍作用，这个阻碍作用就是物质的电阻。

（2）物质的分类

物质根据其导电能力的大小，可分为导体、半导体和绝缘体。

导体：导电能力良好的物体。

半导体：导电能力介于导体和绝缘体之间的物体。

绝缘体：导电能力差的物体。

（3）电阻定律

在一定温度下，导体电阻大小与它的长度、导体材料的电阻率成正比，与它的横截面积成反比，这种关系称为电阻定律，其表达式为：

$$R = \rho \frac{L}{S}$$

式中　R——电阻，单位为欧［姆］，符号为 Ω；

ρ——电阻率，由导体的材料决定，单位为欧·米，符号为 $\Omega \cdot m$；

L——导体的长度，单位为米，符号为 m；

S——导体的横截面积，单位为平方米，符号为 m^2。

不同材料的电阻率是不同的，电阻率小的材料是导体，电阻率大的材料是绝缘体。常用的导体材料中，铜导线比铝导线的电阻率小，所以在要求较严格的地方常用铜导线不用铝导线。

电灯泡的灯丝是用钨丝制造的，灯丝发光时的电阻称为热态电阻，比常温电阻值约增大 10 倍。

（4）超导现象

物质在低温下电阻突然消失的现象称为超导现象，可以利用这一现象制造出磁悬浮列车。

（5）线性电阻和非线性电阻

线性电阻特点：电阻两端的电压与流过它的电流成正比，其电压与电流关系曲线（称为伏安特性曲线）为直线。例如，常温下的金属导体。

非线性电阻的特点：电阻两端的电压与通过它的电流不成正比，其伏安特性曲线不是直线。例如，半导体器件。

（6）电阻器参数的标注

电阻器的参数标注法有以下几种：直接标注、字符标注、数码标注、色环标注。

常用的色环电阻器有四色环色标电阻和五色环色标电阻，要求同学们能够快速正确识读。这是进行实训的基础，也是考试的重点。电阻色环标志的识读规则，如图 2-3 所示。

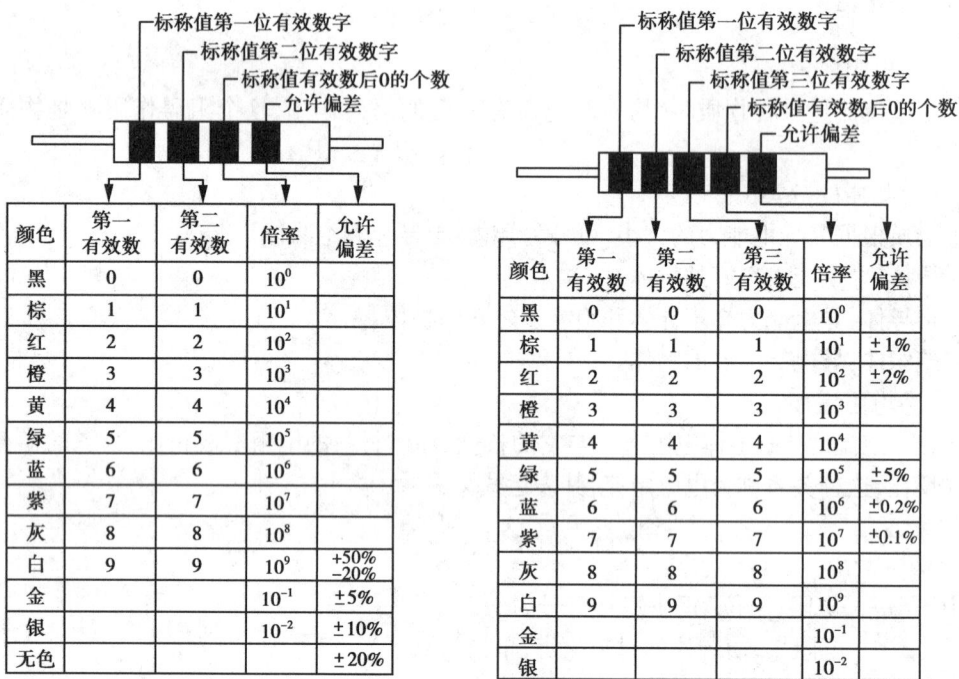

颜色	第一有效数	第二有效数	倍率	允许偏差
黑	0	0	10^0	
棕	1	1	10^1	
红	2	2	10^2	
橙	3	3	10^3	
黄	4	4	10^4	
绿	5	5	10^5	
蓝	6	6	10^6	
紫	7	7	10^7	
灰	8	8	10^8	
白	9	9	10^9	+50% −20%
金			10^{-1}	±5%
银			10^{-2}	±10%
无色				±20%

颜色	第一有效数	第二有效数	第三有效数	倍率	允许偏差
黑	0	0	0	10^0	
棕	1	1	1	10^1	±1%
红	2	2	2	10^2	±2%
橙	3	3	3	10^3	
黄	4	4	4	10^4	
绿	5	5	5	10^5	±5%
蓝	6	6	6	10^6	±0.2%
紫	7	7	7	10^7	±0.1%
灰	8	8	8	10^8	
白	9	9	9	10^9	
金				10^{-1}	
银				10^{-2}	

图 2-3

（7）电阻传感器

常见的电阻传感器有热敏电阻、光敏电阻、湿敏电阻、压敏电阻。

（8）电阻器的测量方法

①电阻器的测量主要有 3 种方法：用万用表测电阻、用兆欧表测电阻、用电桥测电阻。

②万用表测量电阻步骤：选挡，欧姆校零，检测与读数。

③兆欧表测量电阻步骤：校零检查，检测与读数。

④电桥精确地测量电阻：当"桥"支路中，两端的电位相等，流过的电流为零，此时电桥处于平衡状态。

电桥平衡时,对桥臂电阻之积相等(或邻桥臂电阻之比相等),即:

$$\frac{R_1}{R_2} = \frac{R_3}{R_4} \text{ 或 } R_1R_4 = R_2R_3$$

(9)欧姆定律

•部分电路欧姆定律

部分电路欧姆定律是针对电路中某一个电阻性元件上的电压、电流与电阻值之间关系的定律。其内容是:电路中流过某电阻的电流与该电阻两端的电压成正比,与该电阻的阻值成反比。

$$I = \frac{U}{R}$$

式中 I——电流,单位为安[培],符号为 A;

U——电压,单位为伏[特],符号为 V;

R——电阻,单位为欧[姆],符号为 Ω。

•全电路欧姆定律

由电源和负载组成的闭合电路称为全电路,全电路欧姆定律内容是:在闭合回路中,电流与电源电动势成正比,与回路的总电阻成反比。

$$I = \frac{E}{r + R}$$

式中 I——电流,单位为安[培],符号为 A;

E——电源电动势,单位为伏[特],符号为 V;

r——电源内阻,单位为欧[姆],符号为 Ω;

R——负载电阻,单位为欧[姆],符号为 Ω。

(10)电阻消耗的功率

电阻消耗的功率为它两端的电压与流过它的电流的乘积。

$$P = UI\left(P = I^2R = \frac{U^2}{R}\right)$$

式中 P——电功率,单位瓦[特],符号为 W;

U——电压,单位为伏[特],符号为 V;

I——电流,单位为安[培],符号为 A;

R——电阻,单位为欧[姆],符号为 Ω。

(11)电阻的连接方式

电阻的连接方式有串联连接、并联连接和混联连接等。

电阻的串联:把两个或者两个以上的电阻依次连接起来,只为电流提供唯一的一条路径,没有其他的分支的电路连接方式,称为电阻串联电路。

电阻的并联:把两个或两个以上的电阻并排连接在电路中的两个节点之间,为电流提供多条路径的电路连接方式,称为电阻的并联电路。

电阻的混联:在电阻电路中,既有电阻的串联关系又有电阻的并联关系,称为电阻混联。

电阻串联、并联的特点见表2-1。

表2-1 电阻串联、并联的特点

连接方式 / 参数	串 联	并 联
电流	串联电路中,通过各电阻的电流相等,即: $I_1 = I_2 = I_3 = \cdots = I$	并联电路的总电流等于各支路电流之和,即: $I = I_1 + I_2 + \cdots + I_n$
电压	两端的总电压等于各电阻两端的电压之和,即: $U = U_1 + U_2 + U_3 + \cdots + U_n$	总电压与各电阻上的电压相等,即: $U_1 = U_2 = U_3 = \cdots = U$
电阻	总电阻等于各电阻之和,即: $R = R_1 + R_2 + R_3 + \cdots + R_n$	总电路的倒数等于各个并联电阻倒数之和,即: $\dfrac{1}{R} = \dfrac{1}{R_1} + \dfrac{1}{R_2} + \cdots + \dfrac{1}{R_n}$
分压	各个电阻两端分配的电压与其阻值成正比,即: $U_1 : U_2 : U_3 : \cdots : U_n = R_1 : R_2 : R_3 : \cdots : R_n$	各个支路上的电压相等,即: $U_1 = U_2 = U_3 = \cdots = U_n$
分流	各个电阻上流过的电流相等,即: $I_1 = I_2 = I_3 = \cdots = I_n$	分得的电流与电阻成反比,即: $I_1 : I_2 : I_3 : \cdots : I_n = \dfrac{1}{R_1} : \dfrac{1}{R_2} : \dfrac{1}{R_3} : \cdots : \dfrac{1}{R_n}$
应用	①用于分压,例如音量电位器 ②用于限流,负载上串联一个电阻,限流 ③串联电阻分压,扩大电压表量程	①多支路供电网络,如照明 ②并联电阻分流,扩大电流表量程

两个电阻串联的分压公式:

$$U_1 = \frac{R_1}{R_1 + R_2}U, \quad U_2 = \frac{R_2}{R_1 + R_2}U$$

两个电阻并联的等效电阻值:

$$R = \frac{R_1 R_2}{R_1 + R_2}$$

两个电阻的并联分流公式:

$$I_1 = \frac{R_2}{R_1 + R_2}I, \quad I_2 = \frac{R_1}{R_1 + R_2}I$$

电路中既包含了电阻的串联,又包含了电阻的并联称为混联电路。

电阻混联电路的分析步骤:

①根据电路的串、并联关系,采用逐步化简法,求出电路的等效电阻;

②根据欧姆定律,求出电路的总电流或总电压;

③求出电路中的各支路电流或电压。

(12)基尔霍夫定律

①基尔霍夫定律的几个概念。

支路:由一个或几个元件组成的无分支电路

节点:3条或3条以上支路的连接点

回路:电路中任意一个闭合的路径

网孔:电路中不含其他支路的回路称为网孔

②基尔霍夫定律及特点,见表2-2。

表2-2　基尔霍夫定律及特点

基尔霍夫定律	定律内容	表达式	说　明
基尔霍夫第一定律（节点电流定律）	对电路中的任意一个节点,流进该节点的电流之和等于流出该节点的电流之和	$I = I_1 + I_2$ $\sum I = 0$	标出的电流方向为参考方向
基尔霍夫第二定律（回路电压定律）	对电路中任一闭合回路,沿任一方向绕行一周,各段电压的代数和等于零	$U_{ab} + U_{bc} + U_{cd} + U_{da} = 0$ $\sum U = 0$	对于电阻上的压降,若电流方向与绕行方向相同则取正,相反则取负,对于电源若绕行方向是从正极到负极取正,反之取负

(13)负载获得最大功率的条件

负载获得最大功率的条件是:负载电阻等于电源内阻,即:

$$R = r$$

$$P_{max} = \frac{E^2}{4r} = \frac{E^2}{4R}$$

式中　P_{max}——负载获得的最大功率,单位为瓦[特],符号为 W;

E——电源电动势,单位为伏[特],符号为 V;

r——电源内阻,单位为欧[姆],符号为 Ω;

R——负载电阻,单位为欧[姆],符号为 Ω。

(14)电位的计算方法

先确定参考点;再从某点选择一定的路径绕至零点,某点的电位等于选择路径上各个元件电压的代数和。

解题示例

例 2-1 一个电灯泡标有"220 V,40 W"的字样,则灯丝的热态电阻是多少? 如果每天使用它照明的时间为 4 小时,平均每月按 30 天计算,那么每月消耗的电能为多少度?

【分析】 ①先要计算热态电阻 R,再根据题意知道 P 和 U,所以用 $P = \dfrac{U^2}{R}$。

②根据公式 $W = Pt$,可求出电能 W,电能每度为 $kW \cdot h$,在此时单位不换算就可以。

解:①由题意可知 $U = 220$ V,$P = 40$ W,根据公式 $P = \dfrac{U^2}{R}$ 得:

$$R = \frac{U^2}{P} = \frac{(220 \text{ V})^2}{40 \text{ W}} = 1\ 210\ \Omega$$

②一天用 4 小时,每月用的时间为 $t = 4$ h×30 = 120 h

$$W = Pt = 40 \text{ W} \times 120 \text{ h} = 4\ 800 \text{ W} \cdot \text{h} = 4.8 \text{ 度}$$

答:灯丝的热态电阻为 1 210 Ω,每月消耗的电能为 4.8 度。

例 2-2 如图 2-4 所示电路中,试说明该电路有几个节点,几个网孔,几个回路。已知 $E_1 = 40$ V,$E_2 = 5$ V,$E_3 = 25$ V,$R_1 = 5\ \Omega$,$R_2 = R_3 = 10\ \Omega$。用支路电流法求各支路的电流。

【分析】 首先根据节点、网孔、回路的定义,观察图中节点、网孔、回路的数量。然后根据题意要求用支路电流法求解。由于题中已经标出各支路的电流方向,只需要再标出绕行方向,可用基尔霍夫定律列出方程组求解。

解:根据电路图中所示,电路中有 2 个节点,2 个网孔,3 个回路。

在图中画出回路绕行方向如图 2-5 所示。

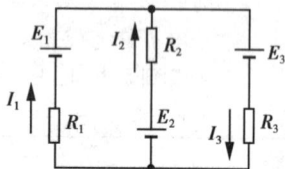

图 2-4

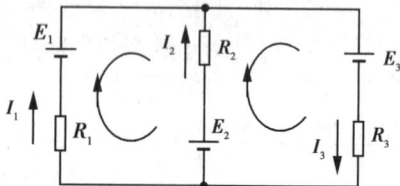

图 2-5

根据基尔霍夫定律列出方程组:

$$\begin{cases} I_1 + I_2 - I_3 = 0 \\ I_1R_1 - E_1 - I_2R_2 + E_2 = 0 \\ I_2R_2 + E_3 + I_3R_3 - E_2 = 0 \end{cases}$$

将题中参数代入方程组得:

$$\begin{cases} I_1 + I_2 = I_3 \\ 5I_1 - 40 - 10I_2 + 5 = 0 \\ 10I_2 + 25 + 10I_3 - 5 = 0 \end{cases}$$

解得方程组:

$$I_1 = 25 \text{ A}, I_2 = -\frac{9}{4}\text{A}, I_3 = \frac{1}{4}\text{A}$$

答:本电路图中有 2 个节点,2 个网孔,3 个回路;用支路电流法解得各支路的电流为:

$$I_1 = 25 \text{ A}, I_2 = -\frac{9}{4}\text{A}, I_3 = \frac{1}{4}\text{A}$$

例 2-3　电路如图 2-6 所示,已知 $R_1 = 2\ \Omega, R_2 = 3\ \Omega, R_3 = 5\ \Omega, R_4 = 4\ \Omega$,电源 $E_1 = 36$ V,$E_2 = 16$ V,$E_3 = 12$ V,电源内阻不计,求 a、b、c、d、e、f 各点的电位。

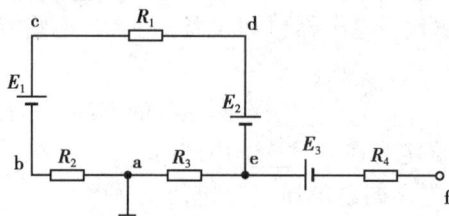

图 2-6

【分析】　图中 R_4 没有构成回路,故没有电流通过;电路中有 E_1、R_1、E_2、R_3、R_2 构成回路形成电流,可先求出电阻中的电流,再从待求点绕行到地(参考点 a),途经各元件中的电压代数和即为该点的电位。

解:在图中标出回路中电流的方向,如图 2-7 所示:

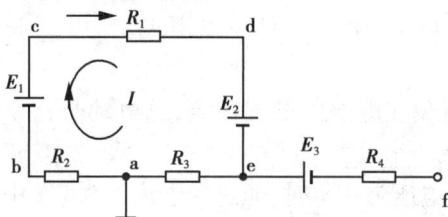

图 2-7

根据全电路欧姆定律,在回路中流过 R_1、R_2、R_3 的电流为:

$$I = \frac{E_2 - E_3}{R_1 + R_2 + R_3} = \frac{20 \text{ V}}{10 \text{ }\Omega} = 2 \text{ A}$$

各点到参考点的电位为:

$$V_a = 0 \text{ V}$$

$$V_b = -IR_2 = -2 \text{ A} \times 3 \text{ }\Omega = -6 \text{ V}$$

$$V_c = E_1 - IR_2 = 36 \text{ V} - 6 \text{ V} = 30 \text{ V}$$

$$V_d = E_2 + IR_3 = 16 \text{ V} + 2 \text{ A} \times 5 \text{ }\Omega = 26 \text{ V}$$

$$V_e = IR_3 = 2 \text{ A} \times 5 \text{ }\Omega = 10 \text{ V}$$

$$V_f = 0 \times R_4 - E_3 + IR_3 = -12 \text{ V} + 10 \text{ V} = -2 \text{ V}$$

答:a、b、c、d、e、f 各点的电位分别为:0 V、−6 V、30 V、26 V、10 V、−2 V。

课堂练习题

一、填空题

1.电路通常由 _____、_____、_____ 和 _____ 4 部分组成。

2.电路有 _____、_____ 和 _____ 3 种状态。

3.用简单的特定符号来代替电子器材和设备的实物,这些特定的符号就是 _____ _____。

4.电流的方向规定为 _____ 定向移动的方向。电压的方向规定由 _____ 指向 _____。电动势的方向规定为在 _____ 内部由 _____ 指向 _____。

5.在电阻串联电路中,电路的总电压与分电压的关系为 _____。电路的等效电阻与分电阻的关系为 _____。各电阻分配的电压与电阻成 _____,各电阻分配的功率与电阻成 _____。

6.电阻并联时,各个电阻两端的电压 _____。并联电路总电流与分电流的关系为 _____。并联电路总电阻的 _____ 等于各个并联电阻的 _____。各电阻分配的电流与电阻成 _____,各电阻分配的功率与电阻成 _____。

7.在照明电路中灯泡的正确连接方法应是 _____。

8.等效电阻的意思是:当几个电阻的值可以用 _____ 来代替,这个电阻就是那几个电阻的等效电阻。

9.电池并联时,为了避免在电池内形成环流,总电动势与单个电池的电动势相同即 _____,并联的等效内阻 $r_并$ = _____。

10.一只电阻在两端的电压为 4 V 时,通过的电流为 0.5 A 中,该电阻的阻值是 _____;当两端的电压升到 8 V 后,该电阻的阻值为 _____。

11.基尔霍夫第一定律又称为 _____ 定律,其数学表达式为 _____。基尔霍夫第二定律又称为 _____ 定律,其数学表达式为 _____。

12.应用基尔霍夫定律求出某支路电流是正值,表明该支路电流的实际方向与参考方向 _____,支路电流是负值,表明该支路电流的实际方向与参考方向 _____。

13.直流电桥平衡的条件为 _____ 或 _____。电桥平衡时桥支路电流为 _____,桥支路两端的电位 _____,电压为 _____。

14.电路中电位的计算方法是先确定 _____,某点电位等于该点到 _____ 的电压的代数和。并且电位与绕行路径无关,但若选择不同的 _____,电路中的电位将有不同的数值。一般选公共接地点为 _____。

15.某四色环电阻依次为棕、红、红、金,这个电阻的阻值是 _____,误差精度是 _____%。

16.实验测量电阻的阻值有 _____、_____、_____ 3 种方法。

17.串联电阻常用于 _____、_____ 和 _____ 扩大量程。

18. 计算电路中各点电位时,与路径的选择_____(填:有关、无关)。

19. 电路中电位的高低要随_____的改变而变化,但任意两点间的电压_____参考点的改变而变化。

20. 10 mA = _____A。

21. 3 个电阻并联,$R_1 = 8\ \Omega$,$R_2 = 6\ \Omega$,$R_3 = 6\ \Omega$,通过 R_1 的电流为 0.75 A,则并联电阻两端的电压 U = _____,通过电路的总电流为_____。

22. 两只电阻串联,其中 $R_1 < R_2$,加上电压以后 R_1、R_2 所带电压分别为 U_1、U_2,则 U_1 与 U_2 的关系为_____。

23. 将 10 个电动势为 1.5 V,内阻为 1 Ω 的电池串联起来,并在两端间连接一个负载,当负载获得最大功率时,流过负载的电流强度为_____。

24. 如图 2-8 所示,若 R_P 滑动触头向左移动,则灯泡 C 比原来_____。

25. 如图 2-9 所示,$R_1 = R_2 = R_3 = 18\ \Omega$,$R_4 = 8\ \Omega$,则 R_{AB} = _____Ω。

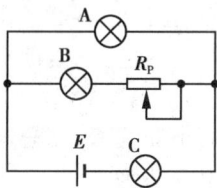

图 2-8

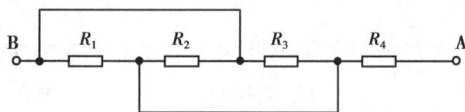

图 2-9

26. 灯泡标有"220 V,200 W"的字样,将该灯泡接在 110 V 的电源上,此时电灯泡的功率为_____。

27. 如图 2-10 所示电路中,$R_2 = R_4$,电压表 V_1 读数为 80 V,V_2 读数为 50 V,则 A 与 B 间的电压为_____。

28. 有两个电阻,当它们串联起来时总电阻是 10 Ω,当它们并联起来时总电阻是 1.6 Ω,这两个电阻分别是_____Ω 和_____Ω。

29. 如图 2-11 所示电路中,已知 $R_1 = R_2 = R_3 = R_4 = R_5 = 4\ \Omega$,$E = 2$ V,当 S 闭合时,总电阻等于_____,流过 R_2 的电流 I_2 = _____。

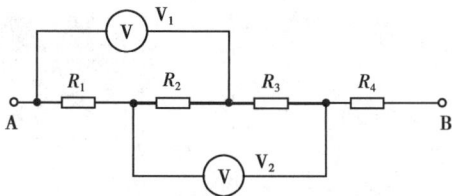

图 2-10

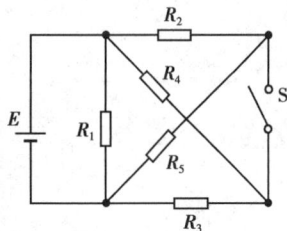

图 2-11

30. 如图 2-12 所示,电源为 3 V,电阻为 100 Ω,请问 A 点的电位为_____。

31. 如图 2-13 所示,已知 $R_1 = 2\ \Omega$,$R_2 = 3\ \Omega$,伏特表 V 的读数为 4 V,总电压 $U = 20$ V,这时安培表的读数为_____;R_2 两端的电压 U_2 = _____;R_3 两端的电压 U_3 =

_____;电阻 $R_3 =$ _____ Ω。

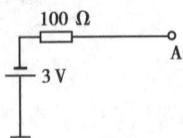

图 2-12

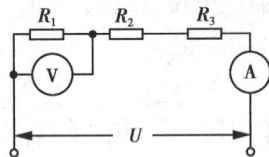

图 2-13

32.有两个电阻 $R_1 = 5\ \Omega$，$R_2 = 10\ \Omega$，把它们串联起来，并在其两端加 15 V 电压，则 R_1 所消耗的功率是_____，R_2 所消耗的功率是_____。现将 R_1 和 R_2 改成并联，如果要使 R_1 所消耗的功率不变，则应在它们两端加_____的电压，此时 R_2 所消耗的功率是_____。

33.已知电阻 $R_1 = 3\ \Omega$，$R_2 = 6\ \Omega$，$R_3 = 9\ \Omega$，将这 3 个电阻串联起来接在电压恒定的电源上，通过 R_1、R_2、R_3 的电流之比为_____，消耗功率之比为_____；若将 R_1、R_2、R_3 并联起来接到同样的电源上，通过 R_1、R_2、R_3 的电流之比为_____，消耗功率之比为_____。

34.有 5 个相同电池的电动势是 1.5 V，内阻是 0.1 Ω，若将它们串联起来，则总电动势为_____，总的内阻为_____；若将它们并联起来，则总电动势为_____，总的内阻为_____。

35.如图 2-14 所示电路中，$U_{AO} = 2$ V，$U_{BO} = -7$ V，$U_{CO} = -3$ V，则 $V_A =$ _____，$V_B =$ _____，$V_O =$ _____。

36.如图 2-15 所示，$U_{AB} = 6$ V，$U_{CD} = 10$ V，就下列情况比较 A、C 两点电位高低。
①B、C 两点接地时，则 V_A _____ V_C；
②用导线连接 B、C(不接地)，V_A _____ V_C；
③用导线连接 A、D(不接地)，V_A _____ V_C；
④用导线连接 A、C(不接地)，V_A _____ V_C；
⑤用导线连接 B、D(不接地)，V_A _____ V_C。

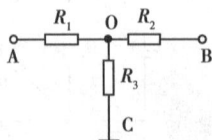

图 2-14

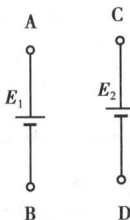

图 2-15

37.在如图 2-16 所示电路中，已知 $R_1 = 10\ \Omega$，$R_2 = 20\ \Omega$，R_3 最大值为 30 Ω，则 AC 间的电阻取值范围是从_____到_____；当 $R_3 = 20\ \Omega$ 时，在 AC 两端加 20 V 电压，则 R_1 两端电压 $U_1 =$ _____，R_2 上的电流 I_2 与 R_1 上的电流 I_1 之比 $I_2 : I_1 =$ _____，R_3 上

所消耗的功率 $P_3 =$ _____。

38.有两个电阻 R_1 和 R_2,把它们串联起来接到电压为 U 的电源两端,则 R_1 和 R_2 电阻两端的电压分别为 $U_1 =$ _____, $U_2 =$ _____。把它们并联起来接到电压为 U 的电源两端,通过它们的电流之比为 _____。

39.如图 2-17 所示,R_{ab} 是电路 a、b 两端的等效电阻,则 $R_1 =$ _____。

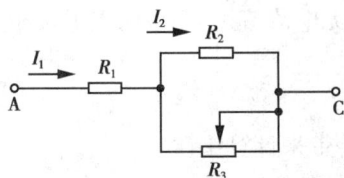

图 2-16

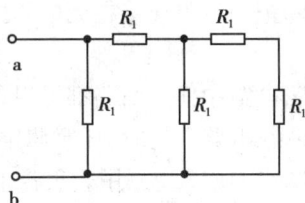

图 2-17

二、判断题

1.金属导体中自由电子定向移动的方向为电流方向。 （　　）

2.万用表电阻挡的标尺是均匀的。 （　　）

3.一次性电池包括干电池、镍氢电池、锂电池等。 （　　）

4.当用电器的额定电流比单个电池通过的额定电流大时,可采用并联电池组供电。
（　　）

5.根据公式 $P = I^2 R$ 可知,电阻消耗的功率 P 与电阻 R 成正比。 （　　）

6.电动势是衡量电场力做功本领的物理量。 （　　）

7.电路形成电流的条件是要自由移动的带电粒子和电路两端有电压。 （　　）

8.在电阻分压电路中,电阻值越大,其两端的电压就越高。 （　　）

9.电流表的内阻越大,则使测量结果更准确些。 （　　）

10.串联电阻的分压作用及并联电阻的分流作用是指针万用表内部电路的主要原理。
（　　）

11.电动势不同的电池不允许并联。 （　　）

12.串联电路总电流等于各分电流之和。 （　　）

13.回路和网孔都是电路中任一闭合的路径。 （　　）

14.对臂电阻相等的电桥为平衡电桥。 （　　）

15.电桥平衡时,桥支路两端的电压为零。因为桥支路两端电位相等。 （　　）

16.在计算电路中各点电位时,与路径的选择无关,但与参考点的选择有关。 （　　）

17.用基尔霍夫定律列方程求各支路电流时,当解出的电流为负值,表示实际电流的方向与假设的电流方向相反,因此应把原来假定的方向改过来。 （　　）

18.为提供较高的电压和较大的电流,常采用混联电池组。 （　　）

19.电阻并联后的总电阻值一定小于其中任一个电阻的阻值。 （　　）

20.在电阻分流电路中,电阻值越大,流过它的电流就越大,功率也越大。 （　　）

21.串联电阻电路中,等效电阻均恒大于任一分电阻。 （　）

22.用万用表测量电压时要并联于电路中。 （　）

23.并联电阻可以用于分压和电流表扩大量程。 （　）

24.在电阻分压电路中,电阻值越大,流过它的电流也就越大。 （　）

25.串联电路中各电阻分配的电压与电阻成正比。 （　）

26.把一电阻连接在无电压的两点之间,电阻中无电流流过,则该两点电位相等。

（　）

27.电路中任一回路都可以称为网孔。 （　）

28.在电路分析时,任意假定支路电流方向,都会带来计算错误。 （　）

29.在 MF47 型万用表表盘上读数时,人眼必须在表盘正上方,而且使指针与反射镜里的像重合时读数最准。 （　）

30.某品牌的手机电池标志为 $1\,000\ \mathrm{mA \cdot h}$,是指该手机电池用于 $1\,000\ \mathrm{mA}$ 的电流放电时,能够使用 $1\ \mathrm{h}$,如果用 $500\ \mathrm{mA}$ 的电流放电时,能使用 $2\ \mathrm{h}$。 （　）

31.电流在单位时间内所做的功被称为电能。 （　）

32.在电路中 2 A 的电流比 -2 A 的电流大。 （　）

33.电压的大小与参考点有关,而电位的大小与参考点无关。 （　）

34.某支路电流 $I_{AB} = -2$ A,则该支路电流实际方向为 B 至 A。 （　）

35.两只电阻并联,$R_1 = 2R_2$,R_1 的电压 U_1 和 R_2 的电压 U_2 的关系是 $U_1 = 2U_2$。

（　）

36.网孔都是回路,而回路不一定是网孔。 （　）

37."度"是电功率的一个实用单位。 （　）

38.任意两点间的电压值与所选路径无关。 （　）

39.电路中的任意闭合路径被称为网孔。 （　）

40.参考点的电位必为零。 （　）

41.在电源(电动势为 E、内阻 r)和负载 R 组成的全电路中,当外电路处于开路状态时,电源的端电压等于电源电动势 E。 （　）

42.在电阻串联电路中,阻值越大的电阻消耗功率越大。 （　）

43.电阻 R_1 和 R_2 串联且 $R_1 = 2R_2$,若总电压 U 为 30 V,则电阻 R_2 上的电压 U_2 为 10 V。 （　）

44.电路中某点的电位与参考点有关。 （　）

45.电动势为 E、内阻为 r 的直流电源,对外输出的最大功率为 $p = \dfrac{E^2}{r}$。 （　）

46.线性电阻的阻值与电压成正比,与电流成反比。 （　）

47.在纯电阻电路中,电能全部转换为热能。 （　）

48.并联电路的各支路电流一定相等。 （　）

49.线性电阻器阻值随流过的电流增大而减小。 （　）

三、单项选择题

1.(   )可以测直流电源的端电压。

    A.电流表   B.交流电表   C.万用表的直流电压挡   D.以上都可以

2.要提高电源电动势,其做功的主体是(   )。

    A.电场力   B.电源力   C.电源以外的外力   D.静电力

3.在电路中与参考点选择有关的物理量是(   )。

    A.电流   B.电压   C.电位   D.电动势

4.已知电源电动势为 100 V,内阻为 2 Ω,负载电阻为 18 Ω,这时,电源释放的功率为(   )。

    A.45 W   B.450 W   C.50 W   D.500 W

5.有两根同种材料的电阻丝,长度之比为 1:2,横截面积之比为 2:3,则它们电阻之比为(   )。

    A.1:2   B.2:3   C.3:4   D.4:5

6.已知 $R_1>R_2>R_3$,若将此 3 只电阻并联接在电压为 U 的电源上,获得最大功率的电阻是(   )。

    A.R_1 B.R_2 C.R_3 D.R_1 和 R_2

7.电路中两点之间的电压越高,则(   )。

    A.这两点之间的电位差越大   B.这两点之间的电位都高

    C.这两点电位都是正值   D.两点电位都是负值

8.在电源电动势为 E,内阻为 r,外电路负载为 R 的电路中,当负载电阻阻值减小时,电源两端的电压(   )。

    A.增大   B.减小   C.不变   D.不能判定

9.一只灯泡接入电路中,开启电源后,灯丝微红,不能正常发光,其原因是(   )。

    A.电路不通   B.灯丝烧断   C.灯泡功率太小   D.供电压不足

10.用电压表测得某电路两端的电压为 0 V,其原因是(   )。

    A.外电路开路   B.外电路短路   C.外电路电流减小   D.电源内阻为零

11.设加在电阻上的电压为 U 时,该电阻上消耗的功率为 1 W,现在将电压增大 1 倍,则该电阻上消耗的功率为(   )。

    A.4 W   B.3 W   C.2 W   D.1 W

12.如图 2-18 所示伏安法测电阻,电压表的读数为 10 V,电流表的读数为 0.2 A,电流表的内阻为 5 Ω,则待测电阻 R 的阻值为(   )。

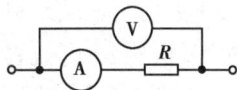

图 2-18

    A.50 Ω B.90 Ω

    C.48 Ω D.45 Ω

13.有两个电阻串联,$R_1=2R_2$,若 R_2 的功率为 10 W,则 R_1 的功率是(   )。

    A.5 W   B.10 W   C.15 W   D.20 W

14.要扩大电流表的量程,应在表头线圈上加入(　　)。

　　A.串联电阻　　　　B.并联电阻　　　　C.混联电阻　　　　　　D.都不是

15.如图 2-19 所示电路中,$R_1 = R_2 = R_3 = R_4 = 20\ \Omega$,则 A、B 间的等效电阻为(　　)。

　　A.5 Ω　　　　　　B.10 Ω　　　　　　C.2 Ω　　　　　　　　D.40 Ω

16.如图 2-20 所示电路中,$R_1 = 10\ \text{k}\Omega$,$R_2 = 5\ \text{k}\Omega$,$R_3 = 6\ \text{k}\Omega$,$R_4 = 3\ \text{k}\Omega$,$R_5 = 20\ \text{k}\Omega$,那么等效电阻 $R_{AB} = ($　　$)$。

　　A.36 kΩ　　　　　B.5 kΩ　　　　　　C.10 kΩ　　　　　　　D.5.6 kΩ

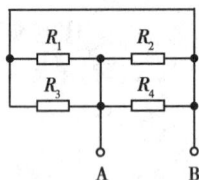

图 2-19

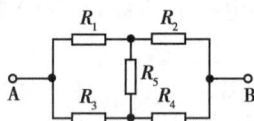

图 2-20

17.在图 2-21 所示电路中,已知 $R_1 = 5\ \Omega$,$R_2 = 10\ \Omega$,可变电阻 R_P 的阻值在 0~25 Ω 变化。A、B 两端点接 40 V 恒定电压,当滑动片上下滑动时,CD 间电压变化范围是(　　)。

　　A.5~30 V　　　　B.5~25 V　　　　C.0~30 V　　　　　　D.10~35 V

18.用万用表测得一只"220 V、100 W"的白炽灯的冷态电阻为 48 Ω,则它工作时的电阻应(　　)。

　　A.等于 48 Ω　　　B.小于 484 Ω　　C.大于 484 Ω　　　　D.等于 484 Ω

19.如图 2-22 所示,当开关 S 断开时,AB 两端的电压 U_{AB} 为(　　)。

　　A.0 V　　　　　　B.2 V　　　　　　C.－2 V　　　　　　　D.50 V

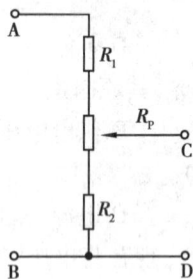

图 2-21

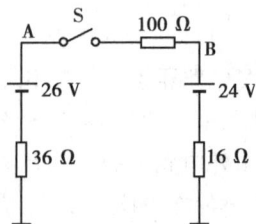

图 2-22

20.为使测量结果更准确,选择伏特表和电流表的内阻应(　　)。

　　A.伏特表、电流表的内阻均大　　　　B.伏特表、电流表的内阻均小

　　C.伏特表的内阻大,电流表的内阻小　D.伏特表的内阻小,电流表的内阻大

21.在图 2-23 所示电路中,当 R_P 的滑动端从左向右移动时,R_2 两端的电压将(　　)。

　　A.不变　　　　　　B.增大　　　　　　C.减小　　　　　　　D.无法判断

22.在图 2-24 中,当开关 S 闭合时,伏特表、电流表的读数将发生的变化是(　　)。

　　A.都增大　　　　　　B.伏特表的示数减小,电流表的示数增大

C.都减小

D.伏特表的示数增大,电流表的示数减小

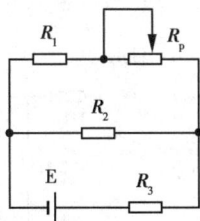

图 2-23

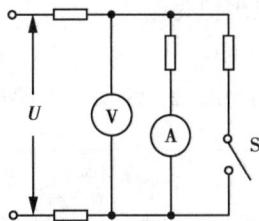

图 2-24

23.在图 2-25 电路中,当开关 S 断开和闭合时,a、b 两点间的电阻 R_{ab} 和 c、b 两点间的电压 U_{cb} 为( )。

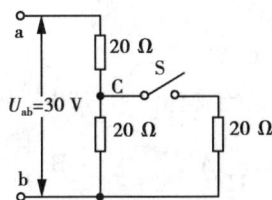

图 2-25

A.40 Ω、15 V;30 Ω、10 V

B.20 Ω、30 V;30 Ω、30 V

C.40 Ω、30 V;30 Ω、15 V

D.15 Ω、30 V;40 Ω、10 V

24.若 A 点电位 3 V,B 点电位-2 V,则 A、B 两点间电压为( )。

A.1 V   B.2 V   C.3 V   D.5 V

25.如图 2-26 所示电路,已知 $E=4$ V,$R=r=2$ Ω,则该电阻 R 消耗的功率为( )。

A.2 W

B.4 W

C.8 W

D.32 W

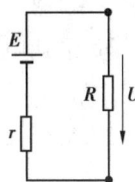

图 2-26

26.已知某电阻器的电阻 $R=5$ Ω,电流 $I=2$ A,其电功率 P 为( )。

A.10 W   B.20 W

C.50 W   D.100 W

27.$R_t=20$ Ω 和 $R_2=30$ Ω 的两只电阻器串联,其电路总电压 $U=50$ V,则 R_2 上电压 U_2 为( )。

A.10 V   B.20 V   C.30 V   D.50 V

28.如图 2-27 所示直流电路,已知 $E=6$ V,$r=2$ Ω,$R=4$ Ω,其电阻 R 的电压 U 为( )。

A.1 V   B.2 V

C.4 V   D.6 V

29.电阻 R_1 和 R_2 并联,已知 $R_1=1$ Ω,$R_2=2$ Ω,电路总电流 $I=3$ A,其电阻 R_1 支路的电流 I_1 为( )。

A.1 A   B.2 A   C.3 A   D.6 A

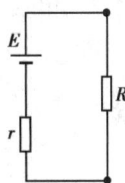

图 2-27

30.某粗细均匀的柱状导体,被均匀拉伸至原长的 4 倍后其电阻值变为 16 Ω,则导体原来的电阻值为(   )。

    A.1 Ω   B.2 Ω   C.4 Ω   D.8 Ω

31.在如图 2-28 所示电路中,其等效电阻 R_{ab} 为(   )。

    A.2 Ω   B.3 Ω

    C.4 Ω   D.5 Ω

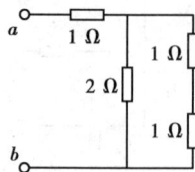

图 2-28

32.某线性电阻元件两端加 6 V 电压时,流过它的电流为 3 A;若该电阻两端电压变为 12 V,则流过它的电流变为(   )。

    A.2 A   B.4 A

    C.6 A   D.12 A

33.某铭牌标注为"220 V,40 W"的白炽灯,其额定电流为(   )。

    A.$\dfrac{2}{11}$A   B.$\dfrac{16}{11}$A   C.$\dfrac{22}{5}$A   D.$\dfrac{11}{2}$A

34.在电压和电流参考方向相同时,$R = 3$ Ω 的电阻端电压 $U = 9$ V,则电流 I 为(   )。

    A.−27 A   B.−3 A   C.3 A   D.27 A

35.$R_1 = 3$ Ω 和 $R_2 = 6$ Ω 的两电阻串联,若总电压 $U = 18$ V,则 R_1 的端电压 U_1 为(   )。

    A.3 V   B.6 V   C.12 V   D.18 V

36.已知电压 $U_{AB} = 3$ V,$U_{BC} = 8$ V,则 U_{AC} 为(   )。

    A.−11 V   B.−5 V   C.5 V   D.11 V

37.某会议室有 25 盏灯,每盏功率 10 W 正常工作 4 小时用电量为(   )。

    A.1 度   B.10 度   C.100 度   D.1 000 度

38.某电烙铁铭牌标注为"50 W, 220 V",则该电烙铁内阻为(   )。

    A.500 Ω   B.968 Ω   C.1 936 Ω   D.2 106 Ω

四、作图题

根据并联电路的特点,如何用一个电流表、一个定值 R_0、电源 E、开关 S 和导线去测定一个未知电阻 R_X 的阻值?画出实验电路图并简要说明实验步骤。

五、简答题

1.为什么电流表不能直接接在电源的两端去测电流？

2.实验时,如果用安培表外接法测电阻的阻值,电阻的实验值和实际值有没有误差？如果有,为什么会出现这种情况？

3.白炽灯的灯丝烧断后搭接上,反而更亮,为什么？

4.一只"110 V、100 W"的电灯和一只"110 V、60 W"的电灯串联接在 220 V 电源上,这种接法行不行？为什么？

5.怎样用兆欧表检测电动机绕组对外壳的绝缘电阻？

六、计算题

1.如图 2-29 所示电路中,$R_1 = R_2 = R_3 = R_0$,求在开关 S 断开或闭合时的等效电阻 R_{AB}。

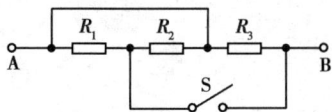

图 2-29

2.如图 2-30 中,$R_1 = 20\ \Omega,R_2 = 60\ \Omega,R_3 = 40\ \Omega,R_4 = 120\ \Omega,R_5 = 80\ \Omega,R_6 = 15\ \Omega,R_7 = 30\ \Omega$,求在开关 S 断开或闭合时的等效电阻 R_{AB}。

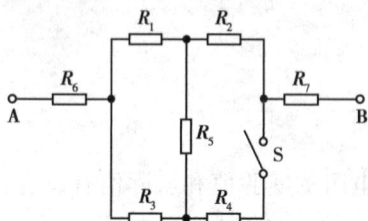

图 2-30

3.如图 2-31 所示电路,断开开关 S 时电压表读数为 15 V,闭合开关时电压表读数为 12 V,电流表读数为 0.2 A,求 R_1 的电阻值。

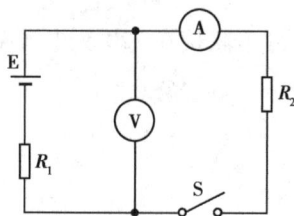

图 2-31

4.一个电动势为 110 V,内电阻为 0.5 Ω 的电源给负载供电,负载电流为 10 A,求通路时的输出电压。若负载短路,求短路电流和电源输出电压。

5.如图 2-32 所示,已知 $R_1 = 2\ \text{k}\Omega$, $R_2 = 3\ \text{k}\Omega$, 求 A 点的电位。

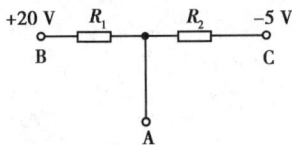

图 2-32

6.如图 2-33 所示,已知 $E_2 = 20\ \text{V}$, $R_1 = 2\ \Omega$, $R_2 = 5\ \Omega$, $R_3 = 20\ \Omega$。用支路电流法求:若使电流 $I_1 = 0$ 时, E_1 为多大?

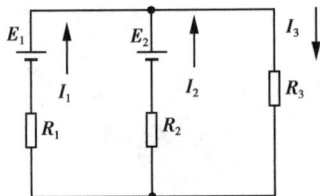

图 2-33

7.在如图 2-34 所示电路中, $R_1 = R_2 = R_3 = 6\ \Omega$, $R_4 = 4\ \Omega$, 电源电动势 $E = 10\ \text{V}$, $r = 2\ \Omega$, 求 A 点的电位。

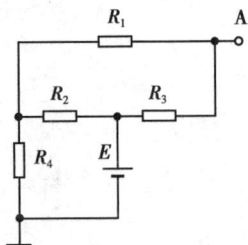

图 2-34

8.如图 2-35 所示直流电路,已知 $E = 15$ V,$R_1 = R_3 = 3$ Ω,$R_3 = 6$ Ω,求该电路中 U_1 和 I_2 的值。

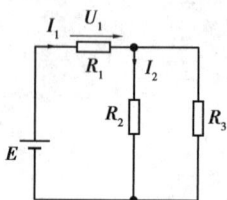

图 2-35

9.如图 2-36 所示直流电路,已知电源电动势 $E = 24$ V,电阻 $R_1 = R_2 = R_4 = 4$ Ω、$R_3 = 8$ Ω。求 电路中的总电流 I 和 A、B 两点间电压 U_{AB}。

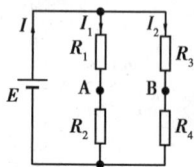

图 2-36

10.如图 2-37 所示直流电路,已知 $E = 10$ V,$R_1 = 4$ Ω,$R_2 = 6$ Ω。求:

(1)S 闭合时的电位 V_A、V_B 和 V_C;

(2)S 断开时的电位 V_A、V_B 和 V_C。

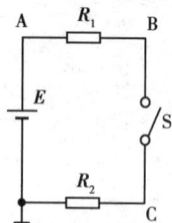

图 2-37

自我检测题

一、填空题

1.用电器的额定电压高于单个电池的电动势时,可用_____联电池组供电;当用电器的额定电流比单个电池允许通过的最大电流大时,可采用_____联电池组供电。

2.电路开路时,外电路两端的电压等于_____。

3.根据电池使用寿命,电池可分为_____电池和_____电池两类。

4.既有电阻的_____,又有电阻_____的电路称为混联电路。

5.3 只阻值均为 1 Ω 的电阻通过串联、并联、混联 3 种不同形式的组合,其等效电阻可分别为_____、_____和_____。

6.测电流时,电流表应该_____联于电路中;测电压时,电压表必须_____联于被测电路上。

7.汽车蓄电池的额定电压是 12 V,如果要用 MF47 型万用表测其端电压,应该置于_____挡,量程选择为_____。

8.基尔霍夫电流定律指出:对电路中的任一节点,流过节点的_____为零,数学表达式为_____。基尔霍夫电压定律指出:从电路的任一点出发绕回路一周回到该点时_____为零,其数学表达式为_____。

9.灯泡标有"220 V/200 W"的字样,将灯泡接在 110 V 的电源上,此时电灯泡的功率为_____。

10.如图 2-38 所示电路中,共有_____个节点,_____个支路,_____个回路,_____个网孔。

11.用基尔霍夫定律计算出某支路电流为正值,表明该支路电流的_____方向与_____方向相同;支路电流为负值,表明该支路电流的_____方向与_____方向相反。

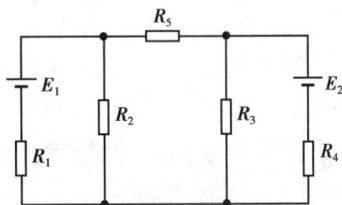

图 2-38

12.如图 2-39 所示电路,A 点的电位为_____。

13.如图 2-40 所示,$R_1 = R_2 = R_3 = R_4 = R_5 = 2$ Ω,AB 两端的电阻为_____。

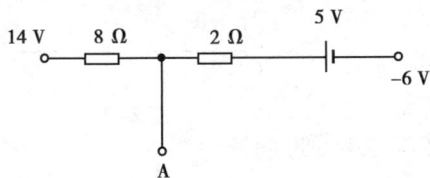

图 2-39

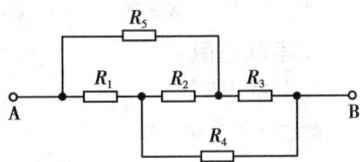

图 2-40

二、判断题

1.若将一电阻丝消耗的功率减小为原来的一半,则应将电阻丝长度、电压均减半。

（　　）

2.电压表的内阻越小,则使测量结果更准确。 （　　）

3.根据 $P = I^2R$ 得:电阻越大消耗的功率也就越大。因此"220 V/100 W"的灯泡比 "220 V/60 W"灯泡的功率大。这是因为 100 W 灯泡的灯丝电阻比 60 W 的大。 （　　）

4.并联电池组中,如果有一个电池的极性接反,将在电池组内形成环流,发生短路现象。

（　　）

5.并联电路的总功率等于各电阻消耗的功率之和。 （　　）

6.指针式万用表电阻刻度线是不均匀的,指针越偏向右边所指示的电阻值越小。

（　　）

7.温度升高,电阻值变大的电阻称为正温度系数电阻。 （　　）

8.在电源外部,电流总是从高电位点流向低电位点。 （　　）

9.如果电场中某两点的电位都很高,则这两点间的电压一定很高。 （　　）

10.一只电阻,当它消耗的功率越大时,它所消耗的电能也越大。 （　　）

三、选择题

1.某根导线均匀拉长到原来的 10 倍后,其电阻变为 100 Ω,则这根导线原来的电阻为 （　　）。

    A.1 Ω　　　　　　B.10 Ω　　　　　　C.1×10³ Ω　　　　　　D.1×10⁴ Ω

2.衡量电源力移动正电荷做功本领大小的物理量是(　　)。

    A.电压　　　　　　B.电位　　　　　　C.电动势　　　　　　D.电场

3.如图 2-41 所示,两个完全相同的电池向电阻 R 供电,每个电池的电动势为 E,内阻 为 r,则 R 上的电流为(　　)。

    A.$\dfrac{E}{R+r}$ B.$\dfrac{2E}{R+r}$

    C.$\dfrac{2E}{R+2r}$ D.$\dfrac{2E}{2R+r}$

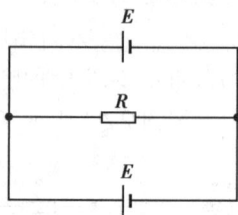

4.要扩大电压表的量程,应在表头线圈上加入(　　)。

    A.串联电阻　　　　　　　　　　　　B.并联电阻

    C.混联电阻　　　　　　　　　　　　D.都不是

图 2-41

5.将 220 V/100 W 和 220 V/40 W 的两盏灯串联接到 220 V 的电源上,这种接法(　　)。

    A.不亮　　　　　　　　　　　　　　B.100 W 的灯比 40 W 的灯亮

    C.两盏灯一样亮　　　　　　　　　　D.40 W 的灯比 100 W 的灯亮

6.有 9 个电动势为 E、内阻均为 r 的电池组成如图 2-42 所示混联电池组,则总电动势和内阻分别为(   )。

　　A.9E、9r　　　　　　B.3E、3r　　　　　　C.3E、r　　　　　　D.9E、3r

7.要提高电源电动势,其做功的主体是(   )。

　　A.电场力　　　　B.电源力　　　　C.电源以外的外力　　　D.静电力

8.白炽灯的灯丝烧断后,重新搭上并继续使用,其发光亮度为(   )。

　　A.比原来的暗　　　B.比原来的亮　　　C.与原来一样亮　　　D.完全不亮

9.在电源电动势为E、内阻为r,外电路负载为R的电路中。当负载电阻阻值减小时,电源两端的电压(   )。

　　A.增大　　　　　　B.减小　　　　　　C.不变　　　　　　D.不能判定

10.如图 2-43 所示,已知$R_1 = R_2 = R_3 = 12\ \Omega$,则 A、B 之间的等效电阻为(   )。

　　A.36 Ω　　　　　　B.18 Ω　　　　　　C.8 Ω　　　　　　D.4 Ω

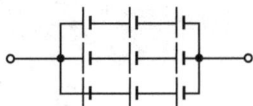

图 2-42

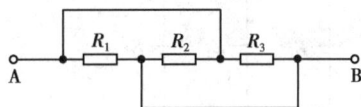

图 2-43

四、作图题

如图 2-44 所示,请用导线连接成一个可以控制灯泡正常发光的电路。

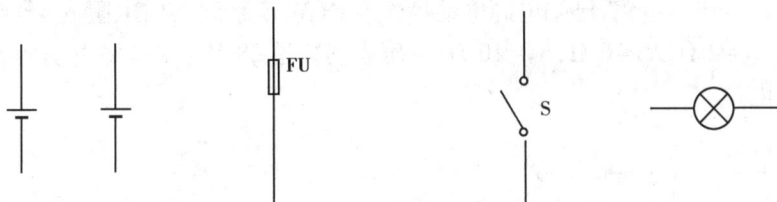

图 2-44

五、简答题

1.把电压表接到电源的两端,可以近似测得电源的电动势,为什么? 而电流表接到电源的两端,能不能测量电源的电流,为什么?

2.一只灯泡标有"220 V/100 W"字样,它的含义是什么?

六、计算题

1.如图 2-45 所示的电路中,已知 $E_1 = 40$ V, $E_2 = 5$ V, $E_3 = 25$ V, $R_1 = 5$ Ω, $R_2 = R_3 = 10$ Ω,试用支路电流法求各支路电流。

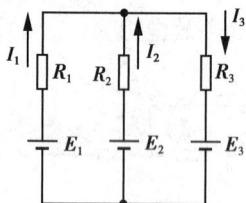

图 2-45

2.如图 2-46 所示电路,已知电源电动势 $E_1 = 18$ V, $E_3 = 5$ V,内电阻 $r_1 = r_2 = 1$ Ω,外电阻 $R_1 = 4$ Ω, $R_2 = 2$ Ω, $R_3 = 6$ Ω, $R_4 = 10$ Ω,电压表读数是 28 V。求电源电动势 E_2 和 A、B、C、D 各点的电位。

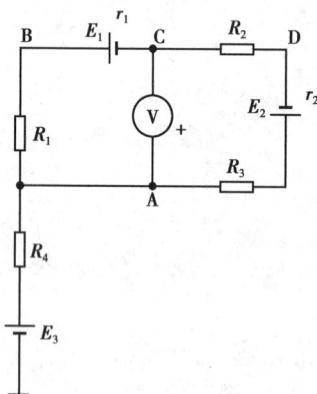

图 2-46

第三章　电容和电感

学习目标

（1）了解电容的概念和电容器的结构、种类、参数；

（2）掌握电容器串、并联电路的特点及应用；

（3）理解电容器的储（电）能公式；

（4）掌握万用表测量电容器质量好坏的方法；

（5）掌握磁场的概念,能用右手螺旋定则判别直导线和载流线圈的磁场方向；

（6）理解磁通、磁感应强度、磁导率、磁场强度的概念；

（7）掌握磁场对载流导体、矩形线圈的作用,能求安培力的大小和方向；

（8）掌握磁场对运动电荷的作用,能求洛仑兹力的大小和方向；

（9）理解电磁感应现象及其产生条件；

（10）掌握感应电动势大小的计算方法和方向判定的方法；

（11）理解线圈的储（磁）能公式。

知识要点

一、电容器和电容

1.电容器

①被绝缘介质隔开的两个相互靠近的导体就构成了一个电容器,这两个导体就是电容器的两个电极,中间的绝缘物质称为电介质。

②电容器也是储存电场能量的装置,其每个极板上所储存的电荷量称为电容器的电量。

③电容器具有储存和释放电能的特性,其在电路中的表现是充电现象和放电现象。

④电容器具有"隔直流、通交流"的特性。因此,在电路中常用于级间耦合、滤波、去耦、旁路及信号调谐。

⑤电容器种类:按结构可分为固定电容器、可变电容器及微调电容器3类,使用最多

的是固定电容;按极性可分为有极性电容和无极性电容。电解电容属于有极性电容,有正、负之分。

⑥电容器的参数:额定工作电压、电容量、允许误差、工作温度范围等参数,一般标在电容器的外壳上。对于容量小于 1 μF 的电容量,通常在容量后面用字母表示误差。

• 额定工作电压:额定工作电压又称为耐压,要使电容器能安全可靠地工作,所加的电压值不得超过其耐压值。

• 标称容量:电容器上所标明的电容量称为标称容量。电容器容量标注法有直标法、数字表示法、数字字母法、数码法、色标法,见表3-1。

表 3-1 电容器容量的标注法

标注法	含　义	举例说明
直标法	将标称容量及偏差直接标在电容体上。若是零点零几,常把整数位的"0"省去	.01 μF 表示 0.01 μF。有些电容器也采用"R"表示小数点,如 R47 μF 表示 0.47 μF
数字表示法	只标数字不标单位的直接表示法。采用此法的仅限 pF 和 μF 两种	某瓷片电容上标注数字 68,表示其容量为 68 pF
数字字母法	容量的整数部分写在容量单位标志字母的前面,容量的小数部分写在容量单位标志字母的后面	1p5 表示容量为 1.5 pF;6n8 表示容量为 6.8 nF,即 6 800 pF
数码法	一般用三位数字表示电容器容量大小,其单位为 pF。其中第一、第二位为有效值数字,第三位表示倍数,即表示有效值后"零"的个数	103 表示容量为 10×10^3 pF(0.01 μF)
色标法	用色码标注,其标志的颜色符号的含义与电阻器采用的相同,容量单位为 pF	对于立式电容器,色环顺序从上面下,沿引线方向排列。如果某个色环的宽度等于标准宽度的 2 或 3 倍,则表示相同颜色的有 2 个或 3 个色环 有时小型电解电容器的工作电压也采用色标表示

• 允许误差:电容器的实际电容量与标称容量之间有一定的误差,在国家标准规定的允许范围之内的误差称为允许误差。

电容器的标称容量与实际容量的误差反映了电容器的精度。精度等级与允许偏差的对应关系见表3-2。实际电容量和标称电容量允许的最大偏差范围一般分为 3 级:Ⅰ级 ±5%,Ⅱ级 ±10%,Ⅲ级 ±20%。

表 3-2 电容器的精度等级与允许偏差对比

精度级别	罗马数字标注			字母标注					
	Ⅰ	Ⅱ	Ⅲ	D	F	G	J	K	M
允许偏差/%	±5	±10	±20	±0.5	±1	±2	±5	±10	±20

2.电容及其计算公式

①电容器所带的电荷量 Q 与它的两极板间电压 U 的比值称为电容器的电容量,简称电容,用 C 表示。即:

$$C = \frac{Q}{U}$$

式中 C——电容器的电容,单位为法[拉],符号是 F;

Q——电容器所储存的电荷量,单位为库[仑],符号是 C;

U——电容器两极板间电压,单位为伏[特],符号是 V。

电容的国际单位为 F(法[拉]),常用的单位有 mF、μF、pF,它们之间的关系为:

$$1\ F = 10^3 mF = 10^6 \mu F = 10^{12} pF$$

②平行板电容器的电容与极板正对面积 S 和电介质的介电常数 ε 成正比,与两极板间的距离 d 成反比,即:

$$C = \frac{\varepsilon S}{d} = \frac{\varepsilon_r \varepsilon_0 S}{d}$$

式中 C——电容器的电容,单位为法[拉],符号是 F。

ε——电介质的介电常数,单位为法[拉]每米,符号是 F/m。$\varepsilon = \varepsilon_0 \varepsilon_r$,$\varepsilon_0$ 为真空中的介电常数,$\varepsilon_0 = 8.85 \times 10^{-12}$ F/m;ε_r 为物质的相对介电常数。

S——两极板间正对的有效面积,单位为平方米,符号是 m^2。

d——两极板间的距离,单位为米,符号是 m。

③电容是电容器的固有特性,其大小仅与电容器自身的结构(两极板正对面积、板间距离及板间的介质)有关。外界条件变化、电容器是否带电或带电的多少,都不会使电容器的电容发生改变。

3.电容器的充放电

当电容连接到一电源是直流电(DC)的电路时,在特定的情况下,有两个过程会发生,分别是电容的"充电过程"和"放电过程"。

①电容器在充电时,充电电流开始很大,然后逐渐减小直至为零,电容器两端储存的电压从零逐渐增大,直至等于电源电动势 E。在充电过程中,电容器将储存一定的电场能。

电容器中储存的电场能量与电容器的电容值成正比,与电容器两极板之间的电压平方成正比,即:

$$W_C = \frac{1}{2}CU_C^2$$

式中 C——电容器的电容,单位为法[拉],符号是 F;

U_C——电容器两端的电压,单位为伏[特],符号是 V;

W_C——电场能量,单位为焦[耳],符号是 J。

②电容器在放电时,放电电流开始较大,然后逐渐减小直至为零,电容器两个极板储

存的电压从 E 逐渐下降至零。在放电过程中,电容器释放电场能。

4.电容器的串联和并联

电容器最基本的连接方式有串联和并联。电容器串联、并联特点的比较见表3-3。

表3-3 电容器串联、并联特点的比较

连接方式	电容器串联的特点	电容器并联的特点
总电容量	总电容量的倒数等于各个电容器电容的倒数之和,即: $$\frac{1}{C} = \frac{1}{C_1} + \frac{1}{C_2} + \frac{1}{C_3} \cdots + \frac{1}{C_n}$$	总电容等于每个电容器的电容之和,即: $$C = C_1 + C_2 + C_3 + \cdots + C_n$$
电量关系	每只电容器所带的电量相等,即: $$Q = Q_1 = Q_2 = Q_3 = \cdots = Q_n$$	总电量等于每个电容器所带的电量之和,即: $$Q = Q_1 + Q_2 + Q_3 + \cdots + Q_n$$
电压关系	总电压等于各分电压之和,即: $$U = U_1 + U_2 + U_3 + \cdots + U_n$$	每个电容器上的电压相等,等于电路的电源电压,即: $$U = U_1 = U_2 = U_3 = \cdots = U_n$$
应用	①电容器串联可以提高耐压 ②电容器上的电压分配和它的电容量成反比	①电容器并联,电容量将增大 ②电容器并联时,每只电容器的耐压均应大于外加电压

①当两只电容器串联时,分压公式为:

$$U_1 = \frac{C_2}{C_1 + C_2}U, \quad U_2 = \frac{C_1}{C_1 + C_2}U$$

②当两个电容器串联时,总电容为:

$$C = \frac{C_1 C_2}{C_1 + C_2}$$

③当两个电容器并联时,电量分配公式为:

$$Q_1 = \frac{C_1}{C_1 + C_2}Q, \quad U_2 = \frac{C_2}{C_1 + C_2}Q$$

5.电容器质量判别

根据电容器的充、放电原理,用指针式万用表就能判断电容器的质量、电解电容器的极性,并能定性比较电容器容量的大小。

指针式万用表判别电容器质量的具体方法见教材中的介绍。数字万用表的电容挡位可快速检测电容器的容量大小。

二、电磁感应

1.磁场

①磁体的周围存在磁力作用的空间称为磁场。磁场是一种特殊形式的物质,具有力和能量的性质。

②磁场方向的规定。在磁场的任一点,小磁针静止时 N 极所指的方向就是该点的磁场方向。

③任何磁体的磁极总是成对出现,即 S 极(南极)和 N 极(北极)。磁极之间具有相互作用的磁力。同名磁极相互排斥,异名磁极相互吸引。

2.磁感线

磁感线是为研究问题方便引入的假想曲线,实际上并不存在。曲线上每一点的切线方向都与该点的磁场方向相同。磁感线具有以下特征。

①磁感应线在磁体外部从 N 极(北极)出来,绕进 S 极(南极),而在磁体内部却是从 S 极指向 N 极,形成一个闭合回路。磁感应线互不相关。

②磁感线任意一点的切线方向就是该点的磁场方向。

③磁场越强,磁感线越密。匀强磁场的磁感线是一些分布均匀的平行直线。

④当存在导磁材料时,磁感线主要从导磁材料中通过。

3.磁场的基本物理量

表征磁场的基本物理量有磁感应强度、磁通、磁导率和磁场强度,见表3-4。

表 3-4　磁场的基本物理量

名　称	表达式	单位及符号	说　明
磁感应强度	$B=\dfrac{F}{IL}$	特[斯拉] (T)	①磁感应强度又称磁通密度,是反映磁场中某一个点磁场强弱和方向的物理量 ②匀强磁场的磁力线是均匀分布的平行直线 ③$B=\dfrac{F}{IL}$成立的条件是导线与磁感应强度垂直
磁通量	$\phi=BS$	韦伯 (Wb)	①磁通是反映磁场中某个面的磁场强弱的物理量 ②公式$B=\dfrac{\phi}{S}$说明在匀强磁场中,磁感应强度就是与磁场垂直的单位面积上的磁通
磁导率	$\mu=\mu_r\mu_0$	亨[利]/米 (H/m)	①磁导率是描述某种物质导磁能力强弱的物理量 ②根据相对磁导率的大小,可将物质分为 3 类,分别是反磁物质、顺磁物质、铁磁物质
磁场强度	$H=\dfrac{B}{\mu}$	安[培]/米 (A/m)	①磁场强度反映的是磁场中某点的磁感应强度与磁介质磁导率的比值,它是描述磁场强弱与方向的又一个基本物理量 ②磁场强度是矢量,方向与该点的磁感应强度 B 的方向相同

4.电磁感应

①通电直导线的磁场可用安培定则(又称为右手螺旋定则)判定。方法是:用右手的大拇指伸直,四指握住导线,当大拇指指向电流时,其余四指所指的方向就是磁感线的方向。

小技巧

记忆口诀

导体通电生磁场,右手判断其方向。

伸手握住直导线,拇指指向流方向,

四指握成一个圈,指尖指示磁方向。

---

②通电螺线管线圈可看成由 n 匝环形导线串联而成,它通电以后产生的磁感线形状与条形磁铁产生的磁场相类似,一端相当于 N 极,一端相当于 S 极。判定通电螺线管线圈的磁场方法是:用右手握住螺线管,让弯曲的四指所指的方向与电流方向一致,则大拇指所指为通电螺线管的 N 极方向。

小技巧

记忆口诀

通电导线螺线管,形成磁场有北南。

右手握住螺线管,电流方向四指尖。

拇指一端为 N 极,另外一端为 S 极。

---

③载流直导体在磁场中要受到电磁力的作用,电磁力的计算公式为:

$$F = BIL \sin \theta$$

式中,F 的单位用 N(牛),I 的单位用 A(安),L 的单位用 m(米),B 的单位用 T(特),θ 为电流方向与磁场方向之间的夹角。

④磁场对通电导体中的电荷也有作用力,称为洛伦兹力(用 f 表示)。洛伦兹力总是垂直于磁场和速度所在的平面,其方向仍然用左手定则判定,但是应该注意,电流方向是正电荷的运动方向。

$$f = qvB \sin \theta$$

⑤通电导体在磁场中受到的磁场力方向,可以用左手定则来判定,其方法是:伸开左手,让四指与大拇指在同一平面内且互相垂直,让磁感线垂直穿过手掌心,四指指向导体的电流方向,则大拇指所指的方向就是通电导体在磁场中受到的磁场力方向。

小技巧

记忆口诀

电流通入直导线,就能产生电磁力。

左手用来判断力,拇指四指成垂直。

平伸左手磁场中,N极正对手心里,

四指指向电流向,拇指所向电磁力。

⑥通电矩形线圈在磁场中将受到力偶矩的作用而转动,其转动方向用左手定则判定。

$$M = nBIS \cos \theta$$

式中,n 为线圈的匝数;θ 为磁场方向与线圈平面的夹角;M 为线圈中的力偶矩,单位为 N·m(牛·米)。

⑦产生感应电流的条件是:闭合电路的一部分导体做切割磁感线运动时,或穿过闭合电路的磁通量发生变化时,闭合电路中就有感应电流产生。

如果是闭合电路一部分的导体在磁场中做切割磁感线运动而产生的感应电流时,可用右手定则来判定。右手定则:伸平右手,大拇指与其余四指垂直于同一个平面上,让磁感线垂直穿过手掌心,使拇指指向导线运动的方向,则其余四指所指的方向为感应电流的方向。

小技巧

记忆口诀

导线切割磁感线,感应电势生里面。

导线外接闭合路,感应电流右手判。

平伸右手磁场中,手心面对N极端。

导线运动拇指向,四指方向为电流。

⑧如果是穿过闭合电路的磁通发生变化而产生感应电流时,可用楞次定律来判定。楞次定律:感应电流的方向,总是使感应电流产生的磁场阻碍引起感应电流的磁通量的变化。

判断感应电流的步骤如下:

a.先确定穿过线圈的原磁场方向;

b.判断穿过线圈的磁通量增大还是减少;

c.由楞次定律确定感应电流的磁场方向(增反减同、来拒去留);

d.由安培定则确定感应电流的方向。

⑨导线做切割磁感线运动时,会产生感应电动势。

$$E = BLv \sin \alpha$$

式中,E 为感应电动势;B 磁感应强度;L 为导体在磁场中的有效长度;v 为运动速度;α 为速度方向和磁场方向的夹角。

线圈中感应电动势的大小与穿过回路磁通的变化率成正比,称为法拉第电磁感应定律。

$$e = N\frac{\Delta\phi}{\Delta t} = \frac{\Delta\Psi}{\Delta t}$$

考虑到楞次定律时,法拉第电磁感应定律可写成:

$$e = -N\frac{\Delta\phi}{\Delta t} = -\frac{\Delta\Psi}{\Delta t}$$

式中,负号是楞次定律的反映,它表明感应电流的磁场总是要阻碍原磁场的变化。

5.电感

①由于线圈本身电流发生变化而生产电磁感应的现象叫自感现象,简称自感。自感现象中产生的感应电动势,叫自感电动势。

②磁通量 ϕ 与电流 I 的比值称为自感系数,又称电感量,用公式表示为:

$$L = \frac{\phi}{I}$$

电感量的基本单位为亨[利](简称亨),用字母 H 表示,此外还有毫亨(mH)和微亨(μH),其换算关系如下:

$$1\ H = 10^3\ mH = 10^6\ \mu H$$

③具有电磁感应作用的电子器件称为电感器,简称电感。电感一般由导线绕成线圈构成,故又称为电感线圈。

电感线圈和电容一样是一种储能元件,它能把电场能转成磁场能储存起来。

$$W_L = \frac{1}{2}LI^2$$

式中　L——线圈的电感,单位为亨[利],符号是 H;

　　　I——通过线圈的电流,单位为安[培],符号是 A;

　　　W_L——线圈中的磁场能量,单位为焦[耳],符号是 J。

④电感元件的特性是对直流电呈现很小的阻碍作用,对交流电呈现较大的阻碍作用,流过电感的电流不能突变,即"通直流,阻交流"。

⑤电感量的大小主要取决于线圈的直径、匝数及导磁材料等,三者中任一发生改变都将影响电感器的电感量。

⑥电感器的标注方法主要有直接标注法、色环标注法和文字符号标注法。

⑦万用表测量判断电感好坏的方法是:用指针式万用表欧姆挡(R×1 或 R×10)进行判断。正常情况下,电感器的直流电阻较小。若万用表读数偏大或为无穷大,则表示电感器已损坏(内部开路);若万用表读数为零则表示电感器已损坏(内部短路)。

解题示例

例 3-1　把容量是 $C_1 = 0.25\ \mu F$,耐压是 300 V 和容量是 $C_2 = 0.5\ \mu F$,耐压是 250 V 的

两个电容器串联起来,接在 500 V 直流电源下使用。这样使用是否安全?

　　【分析】　电容器在电路中使用时是否安全,主要看电容器在电路中所承受的实际电压是否超过它本身的耐压值。已知两电容器串联的总电压 U 和每只电容器的容量,可根据分压公式来求出两只电容器的实际工作电压,再与它们的耐压值进行比较,即可得出结论。

　　解:C_1 所承受的实际工作电压 U_1 为:

$$U_1 = \frac{C_2}{C_1 + C_2}U = \frac{0.5 \ \mu F}{0.25 \ \mu F + 0.5 \ \mu F} \times 500 \ V = 333.3 \ V$$

　　答:由于 C_1 电容器的实际工作电压 333.3 V 大于其额定耐压 300 V,会被击穿,致使 C_2 电容器单独承受 500 V 电压,这个电压值远大于 C_2 的额定耐压 250 V。因此 C_1 电容器被击穿后,C_2 电容器相继击穿。所以这样使用不安全。

　　例 3-2　在磁感应强度为 0.5 T 的匀强磁场中,有一长度为 60 cm 的直导线,流过导线中的电流为 2 A,导线与磁感应强度的夹角分别为 0°,30°,90°,求导线各受多大的力?

　　【分析】　载流直流导线在磁场中受力的大小,可以根据公式 $F = BIL \sin \alpha$ 求解。能正确运用公式,并记住特殊角的函数值,是解答本题的关键。

　　解:$F = BIL \sin \alpha$

①夹角为 0°时,受到的力 $F = BIL \sin \alpha = 0.5 \ T \times 2 \ A \times 0.6 \ m \times 0 = 0 \ N$

②夹角为 30°时,受到的力 $F = BIL \sin \alpha = 0.5 \ T \times 2 \ A \times 0.6 \ m \times 0.5 = 0.3 \ N$

③夹角为 90°时,受到的力 $F = BIL \sin \alpha = 0.5 \ T \times 2 \ A \times 0.6 \ m \times 1 = 0.6 \ N$

　　答:载流直导线在磁场中受力的大小分别为 0 N,0.3 N,0.6 N。

课堂练习题

一、填空题

　　1.电容器在充电过程中,充电电流逐渐_____,两端的电压逐渐_____;在放电过程中,放电电流逐渐_____,两端的电压逐渐_____。

　　2.两个容量相同的电容器 C_1、C_2,串联连接的等效电容与并联连接的等效电容之比是_____。

　　3.电容器上所标明的电容量的值称为_____。电容器在批量生产过程中,受到诸多因素的影响,_____电容值与_____容量之间总有一定的误差。

　　4.一个电容器上标有"222 k/63 V"字样,表示该电容器标称容量为_____;允许偏差为_____;耐压为_____。

　　5.有两个电容器,电容分别为 10 μF 和 20 μF,它们的耐压分别是 25 V 和 15 V,现将它们并联后接在 10 V 的直流电源上,则它们储存的电量分别是_____ C 和_____ C,此时等效电容是_____ μF;该并联电路允许加的最大工作电压是_____ V。

6.从电容器充放电实验可知,电容器两端的_____不能突变,此实验还证明电容器具有隔断直流电路的特性。

7.一只电容器,当两端的电压为 5 V 时,其极板上的电量为 0.5 C,这只电容器的电容量为_____;当它的两端电压为 2 V 时,其极板上的电量为_____。

8.磁场对载流矩形线圈要产生一个_____的作用,其大小 $M =$ _____。

9.电流的磁场方向用_____判定。通电导线中,电流越强磁场_____;越靠近直导线,磁感线越_____,即磁场越强。

10.磁感应强度 B 表示磁场中_____磁场的强弱和磁场的_____,它与磁场中的介质_____。

11.判断载流直导线在磁场中所受作用力的方向用_____定则,导线受力的大小 $F =$ _____。

12._____是判定感应电流方向和感应电动势方向的普遍适用的规律。

13.线圈中通过的电流为 I 时,线圈所储存的磁场能量为_____。

14.有一根长为 150 cm 的导体置于 $B = 5$ T 的匀强磁场中,通以 0.8 A 的电流时,所受的力为 3 N,此时导体与电流方向的夹角为_____。

15.有一个电子以 $1×10^9$ m/s 的速度,与 B 的夹角为 30° 的方向进入匀强磁场,$B = 5$ T,电子所带电量为 $1.6×10^{-19}$ C,问电子所受洛仑兹力的大小为_____ N。

16.磁体和载流导体的周围存在着_____,磁极之间的相互作用或磁体对载流导体的作用都是通过_____完成的。

17.两个磁耦合线圈,当通过一个线圈的电流发生变化时,在另一个线圈中要产生_____电动势。

18.楞次定律的内容是:感应电流产生的磁场_____。

19.当闭合回路与磁场之间没有相对运动而有磁通量变化时,产生的感应电流方向只能用_____判断。

20.感应电流的磁场总是在_____原来的磁场发生变化。

21.当磁场和线圈发生相对运动时,在线圈中就要产生_____,这种现象称为电磁感应现象。

22.当磁场和导线(线圈)发生相对运动时,要发生_____现象,在导线(线圈)中要产生_____。

23.感应电动势的大小跟穿过闭合回路的_____成正比,这就是_____定律。

24.公式 $e = -N\dfrac{\Delta\phi}{\Delta t}$ 中,负号表示感应电流的磁场总是要_____原磁场的变化。

25.自感电动势的大小与_____成正比,其极性决定于_____

的变化趋势。

26.变压器、钳形电流表是根据_____原理制成的,而日光灯镇流器的工作是利用了_____原理。

27.由于线圈中_____变化而在线圈本身引起感应电动势的现象称为自感现象。

28.当通电线圈平面与磁感线垂直时,线圈受到的力矩为_____;当通电线圈平面与磁感线平行时,线圈受到的力矩为_____。

29.当闭合线圈里的_____发生变化时,线路里就有感应电流。

30.感应电流产生的磁场总是_____原来磁场的变化。

31.线圈中感应电动势的大小和穿过闭合回路的_____成正比,这就是法拉第电磁感应定律。

32._____可以判定闭合回路中一部分导体在磁场中作切割磁力线运动,产生的感应电流方向;_____是判定感应电流方向最普遍、最一般的规律。

33.当通过导体的电流发生变化时,该电流产生的_____也要发生变化,导体本身要产生_____。

34.线圈的磁场能与_____成正比,与通过线圈电流最大值的平方成正比。

35.通电直导线的磁感线是一组以直导线为圆心的_____。并且离导线越近,磁感线_____,磁场_____。电流越强,则_____越强。

36.通常认为,通电线圈内部的磁场是_____。

37.如图 3-1 所示,当 S 闭合瞬间,小磁针 S 极_____运动。

38.在图 3-2 中,用细线悬挂一铝质封闭环 B,使环的平面与螺线管 A 的端面平行,当 S 接通瞬间,环 B 向_____方运动。

39.如图 3-3 所示,长 10 cm 的导线 ab,通有 3 A 电流,电流方向从 a 到 b。将导线 ab 沿垂直磁感线方向放在匀强磁场中,测得 ab 所受磁场力为 0.15 N,则该区域的磁感应强度为_____,磁场对导线 ab 作用力的方向为_____。若导线 ab 中的电流为零,那么该区域的磁感应强度为_____。

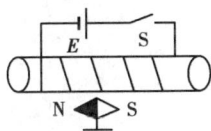 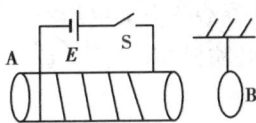 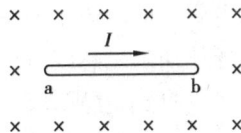

图 3-1   图 3-2   图 3-3

40.某载流直导体长度 $L=1$ m,电流 $I=2$ A,现将其置于磁感强度 $B=0.2$ T 的均匀磁场中,磁场方向与电流方向垂直,其安培力 F=_____N。

41.某电容量 C 为 10 μF 的电容器,测得它两端的电压 U 为 20 V,则该电容储存的电场能为_____J。

42.C_1 为 20 μF、C_2 为 30 μF 的两电容器串联,若总电压 U 为 100 V,则电容器 C_2 上

的电压 U_2 为_____V。

43.现有一只 20 kΩ 的电阻器,某同学的测量值为 19.5 kΩ,则此次测量的实际相对误差为_____。

44.$C_1 = 3$ μF 和 $C_2 = 9$ μF 的两电容串联,已知 C_1 上电压 $U_1 = 9$ V,则 C_2 上电压 $U_2 = $_____V。

二、判断题

1.如果电容器的电容量大,则其储存的电场能量也一定大。 (   )

2.电容器的电容量是不会随带电荷量的多少而变化的。 (   )

3.电容器必须在电路中使用才有电量,因为此时才有电容量。 (   )

4.电容器具有隔直流、通交流的作用。 (   )

5.电容器的电容量与极板介质的种类无关。 (   )

6.将"10 μF、50 V"和"5 μF、50 V"的两个电容器串联,那么电容器组的额定工作电压应为 100 V。 (   )

7.两个电容器,一个电容较大,另一个电容较小,如果它们所带的电荷量一样,那么电容较大的电容量两端的电压一定比电容较小的电容器两端的电压高。 (   )

8.电感器是一个储能元件,电感量的大小反映了它储存电能本领的强弱。 (   )

9.判定通电螺线管的磁场方向用左手定则。 (   )

10.磁场中的磁感线是平行的、等距离的、方向相同的一系列直线。 (   )

11.磁场中任一点磁感应强度的方向,就是该点小磁针北极所指的方向。 (   )

12.穿过回路的磁通量越大,感应电动势就越大。 (   )

13.同一个线圈,带铁芯时的电感比空心线圈的电感大得多。 (   )

14.直导体切割磁感线产生的感应电动势方向可用右手定则来判断。 (   )

15.自感电动势 e_L 的极性总是阻碍磁通的变化。 (   )

16.空心线圈的电感比铁芯线圈的电感大得多,且空心线圈的电感 L 为常数,不随线圈中电流的变化而变化。 (   )

17.电感中的电流不能发生突变,电容器两端的电压不能发生突变。 (   )

18.导体切割磁感线可以产生感应电动势和感应电流。 (   )

19.产生自感、互感现象总是有好处的。 (   )

20.由于磁场能量不能突变,则线圈中的电流能发生突变。 (   )

21.电流产生的磁场方向用左手定则判定。 (   )

22.磁电式仪表是根据通电线圈在磁场中受力矩作用而转动的原理制成的。 (   )

23.通电线圈在磁场中受力,当线圈平面与磁感线平行时,受力最小为 0。 (   )

24.如果通过某一截面的磁通为零,则该截面处的磁感应强度一定为零。 (   )

25.通电线圈在磁场中的受力方向,可以用左手定则判别,也可以用安培定则判别。

(   )

26.磁感线的方向总是从 N 极指向 S 极。 ( )

27.磁导率是一个用来表示媒质磁性能的物理量,对于不同的物质就有不同的磁导率。

( )

28.通电导线在磁场中某处受到的磁场力为零,则该处的磁感应强度一定为零。

( )

29.感应电流产生的磁场总是阻碍原来磁场的变化。 ( )

30.右手定则是判定感应电流方向最一般的规律。 ( )

31.电感线圈中储存的磁场能 $W_L = -LI_0$ ( )

32.匀强磁场的磁感线是一组平行且等距的直线。 ( )

33.5 个 10 PF 的相同电容串联,其等效电容量为 50 pF。 ( )

34.电容器能够储存电能,其储能公式为 $W_C = CU^2$。 ( )

35.感应电流产生的磁通总是与原磁通的方向相反。 ( )

36.磁感线是一组闭合曲线,在磁体内部从北极指向南极,在磁体外部从南极返回北极。

( )

三、单项选择题

1.电容器放电结束后,下述说法中错误的是( )。

　　A.电场能量为零　　　B.电量为零　　　　C.电压为零　　　　D.电容为零

2.两只电容器容量之比为1∶2,把它们串联后接到电源上充电,充电完毕后它们的电场能之比是( )。

　　A.1∶2　　　　　　　B.1∶1　　　　　　C.2∶1　　　　　　D.4∶1

3.有两个电容器,一个电容大,一个电容小,若加在它们两端的电压相等,则两个电容器所带的电量是( )。

　　A.容量小得多　　　B.容量大得多　　　C.一样多　　　　D.不确定

4.两只电容器,已知 $C_2 > C_1$,将它们并联起来充电结束后,C_1 和 C_2 两端的电压和带电情况是( )。

　　A.$Q_1 > Q_2$,$U_1 = U_2$　　　　　　　　　B.$Q_1 < Q_2$,$U_1 = U_2$

　　C.$Q_1 = Q_2$,$U_1 < U_2$　　　　　　　　　D.$Q_1 = Q_2$,$U_1 > U_2$

5.使用电解电容器时,下面说法正确的是( )。

　　A.电解电容器有极性,使用时应使负极接低电位,正极接高电位

　　B.电解电容器有极性,使用时应使正极接低电位,负极接高电位

　　C.电解电容器与一般电容器相同,使用时不用考虑极性

　　D.电解电容器在交、直流电路中都可使用

6.一个电容量为 C 的电容器与一个电容量为 8 μF 的电容器并联,总容量为电容器容量 C 的 3 倍,则电容器容量 C 是( )。

　　A.2 μF　　　　　　B.6 μF　　　　　　C.4 μF　　　　　　D.8 μF

7.两只电容器,一只电容器的容量为 20 μF,耐压为 30 V;另一只电容器的容量为

30 μF,耐压 40 V。将两只电容器串联后其等效电容和耐压分别是(　　)。

    A.50 μF,30 V　　　　B.12 μF,50 V　　　　C.12 μF,70 V　　　　D.50 μF,40 V

8.一个电容器两端的电压为 40 V,它所带的电量是 0.4 C,若把它两端的电压降到 20 V,则(　　)。

    A.电容器的电容量降低一半　　　　　　B.电容器的电容量保持不变

    C.电容器所带电荷增加一倍　　　　　　D.电容器的电荷量不变

9.有两只电容器 C_1 和 C_2,已知 $C_2 < C_1$,我们可以直接判定的结论是(　　)。

    A.C_2 的带电量小于 C_1 的带电量

    B.C_2 所加的电压大于 C_1 所加的电压

    C.C_2 上所加的电压小于 C_1 所加的电压

    D.C_2 能够容纳的电荷的本领比 C_1 弱

10.电容器 C_1 为 200 pF/300 V,电容器 C_2 为 300 pF/400 V,两电容器并联后的等效电容和耐压分别为(　　)。

    A.120 pF/500 V　　B.500 pF/400 V　　C.500 pF/300 V　　D.120 pF/700 V

11.两个电容串联的计算公式是(　　)。

    A.$C = C_1 + C_2$ 　　　　　　　　　　B.$C = \dfrac{C_1 C_2}{C_1 + C_2}$

    C.$C = \dfrac{C_1 + C_2}{C_1 C_2}$ 　　　　　　　　D.以上的答案都不是

12.将电容器 C_1、C_2、C_3 串联,当 $C_1 > C_2 > C_3$ 时,它们两端的电压关系是(　　)。

    A.$U_1 = U_2 = U_3$ 　　B.$U_1 > U_2 > U_3$ 　　C.$U_1 < U_2 < U_3$ 　　D.不能确定

13.电容器 C_1 和 C_2 串联后接到直流电路上,若 $C_1 = 3C_2$,则 C_1 两端的电压是 C_2 两端电压的(　　)。

    A.3 倍　　　　　　B.9 倍　　　　　　C.$\dfrac{1}{3}$ 　　　　　　D.$\dfrac{1}{9}$

14.某电容器的电压 $U = 300$ V,电容 $C = 40$ μF,则该电容器的电场能 $W_c = ($　　$)$ J。

    A.0.006　　　　　　B.0.012　　　　　　C.1.8　　　　　　D.0.048

15.若电容器 C_1、C_2 并联,其中 C_1 的电容量是 C_2 的一半,则加上电压后,C_1、C_2 所带的电量 Q_1、Q_2 间的关系是(　　)。

    A.$Q_1 = Q_2$ 　　　　B.$Q_1 = 2Q_2$ 　　　　C.$2Q_1 = Q_2$ 　　　　D.$Q_1 = 3Q_2$

16.将电容器 $C_1 = 20$ μF,耐压 150 V,$C_2 = 10$ μF,耐压 200 V 的两只电容器串联后,接到 360 V 的电源上,则(　　)。

    A.都不会被击穿　　　　　　　　　　B.C_1 先被击穿,C_2 后被击穿

    C.C_2 先被击穿,C_1 后被击穿　　　　D.C_1、C_2 同时被击穿

17.磁感线的方向规定为(　　)。

    A.始于 S 极,止于 N 极

    B.始于 N 极,止于 S 极

    C.磁体内部由 N 极指向 S 极,磁体外部由 S 极指向 N 极

D.磁体内部由 S 极指向 N 极,磁体外部由 N 极指向 S 极

18.磁通 ϕ 和磁感应强度 B 的关系是(　　)。

A.磁感应强度 B 大,磁通 ϕ 小

B.磁通 ϕ 大,磁感应强度 B 一定大

C.磁通 ϕ 和磁感应强度 B 成正比增大

D.磁感应强度 B 等于磁通 ϕ 与它在垂直方向所通过的面积之比

19.制造电机、变压器和电磁铁的铁芯用(　　)。

A.硬磁性物质　　　B.软磁性物质　　　C.矩磁性物质　　　D.反磁性物质

20.判定磁场对运动电荷的作用力 F 的方向时,如果是负电荷,则左手四指的指向是(　　)。

A.磁感应强度 B 的方向　　　　　　B.向心力的方向

C.速度 v 的相反方向　　　　　　　D.洛伦兹力 F 的方向

21.下列说法正确的是(　　)。

A.磁力线密集处的磁感应强度 B 大

B.通电导体在磁场中受力 F 为零,磁感应强度 B 一定为零

C.通电导体在磁场某处受力大,该处的磁感应强度就大

D.磁感应强度是标量

22.通电导体在磁场中的情况如图 3-4 所示,其 B、I、F 三者关系标注正确的是(　　)。

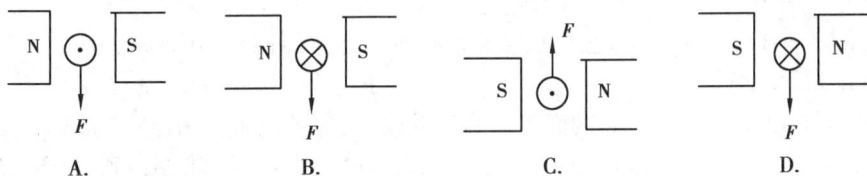

图 3-4

23.在图 3-5 中,若一电子按图示方向进入匀强磁场中,则电子会(　　)。

A.向上偏转

B.向下偏转

C.垂直于纸面向里偏转

D.垂直于纸面向外偏转

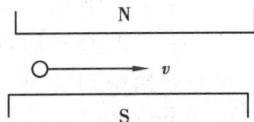

图 3-5

24.根据公式 $\phi = BS\sin\theta$,下列说法错误的是(　　)。

A.当磁场与线圈平面平行时磁通最大　　B.当磁场与线圈平面垂直时磁通最大

C.当磁场与线圈平面平行时磁通为 0　　D.上述说法均错误

25.线圈中通有恒定直流电流时,则会出现(　　)的情况。

A.无自感电动势 e_L,无电感 L　　　　B.有自感电动势 e_L,有电感 L

C.有电感 L,但无自感电动势 e_L　　　D.无电感 L,但有自感电动势 e_L

26.空心线圈的电感 L 与电流的关系是(　　)。

A.与电流的平方成反比　　　　　　B.正比关系

C.反比关系　　　　　　　　　　　D.无关

27.发生电磁感应现象时,一定是(　　)。

A.感应电动势和感应电流同时存在　　B.有感应电动势存在

C.只有感应电流存在　　　　　　　D.都不存在

28.如图3-6所示电路中,在开关S闭合瞬间,则(　　)。

A.电压表 V_1 正偏,V_2 反偏

B.电压表 V_1、V_2 均正偏

C.电压表 V_1 反偏,V_2 正偏

D.电压表 V_1、V_2 均反偏

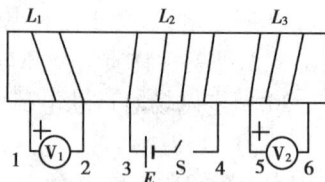

图3-6

29.下列说法不正确的是(　　)。

A.电容器串联可以提高电路的耐压

B.电容器并联使电容器的总容量增大

C.电容器串联后,每只电容器承受的电压与其电容量成反比

D.电容器串联后接入电路中,首先被击穿的是电容量最大的电容器

30.某电容器的电容量 $C=100\ \mu F$,当充电至极间电压 $U=10\ V$ 时,电容器的极板电量 Q 为(　　)。

A.10^{-5}C　　　　B.10^{-4}C　　　　C.10^{-3}C　　　　D.10^{-2}C

31.直导体在磁场中切割磁感线将产生感应电动势,判定其感应电动势的方向用(　　)。

A.右手定则　　　B.左手定则　　　C.安培定则　　　D.右手螺旋法则

32.若 $L=2\ H$ 的电感器上通过电流 $I=2\ A$,则该电感器储存的磁场能为(　　)。

A.1 J　　　　　B.2 J　　　　　C.4 J　　　　　D.8 J

33.$C_1=30\ pF$ 和 $C_2=60\ pF$ 的两只电容器并联,其等效电容量为(　　)。

A.20 pF　　　　B.30 pF　　　　C.60 pF　　　　D.90 pF

34.若将平行板电容器的极板正对面积增大一倍,极板间距减小一半,则该电容器的电容将(　　)。

A.增大一倍　　　B.减小一半　　　C.增大到四倍　　　D.保持不变

35.载流直导体在磁场中的受力即安培力,其方向判断应该用(　　)。

A.安培定则　　　B.左手定则　　　C.右手定则　　　D.楞次定律

36.电流 I 为 2 A 的直导体垂直置于磁感应强度 B 为3T的匀强磁场中,所受安培力 F 为 12 N,则磁场中的直导体长度 Z 为(　　)。

A.0.5 m　　　　B.2 m　　　　C.4 m　　　　D.6 m

37.垂直切割磁感线的导体中将产生感应电动势,判断该电动势的方向用(　　)。

A.安培定则　　　B.右手螺旋定则　　　C.左手定则　　　D.右手定则

38.某电容器的电容量 C 为 $20\mu F$,充电后极板电量 q 为 1×10^{-4}C,则该电容器极板间电压为(　　)。

A.0.2 V　　　　B.0.5 V　　　　C.5 V　　　　D.50 V

39.当某载流直导体在均匀磁场中受力最大时,此直导体与磁感线夹角为( )。

    A.0°   B.60°   C.90°   D.180°

40.$C_1 = 2pF$ 和 $C_2 = 4pF$ 的两电容串联,若总电压 $U = 18$ V,则 C_1 的端电压为( )。

    A.6 V   B.10 V   C.12 V   D.18 V

四、作图题

1.各导体的运动方向如图 3-7 所示,请在图中正确标注导体中产生感应电流的方向。

2.标出如图 3-8 所示电源的极性或电流产生磁场的方向。

3.在图 3-9 中标出各载流导体所受到的磁场力的方向。

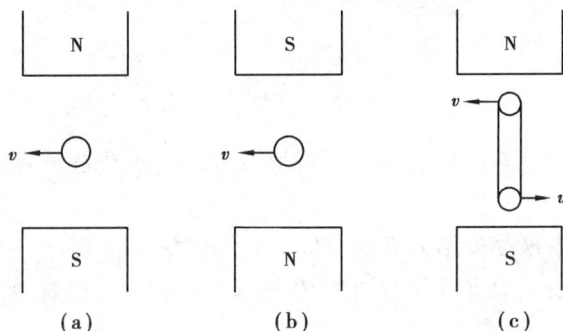

图 3-7

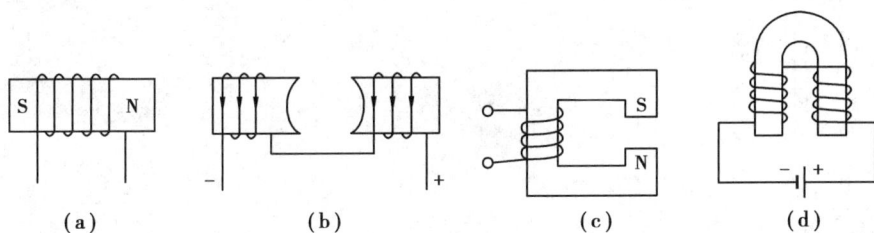

图 3-8

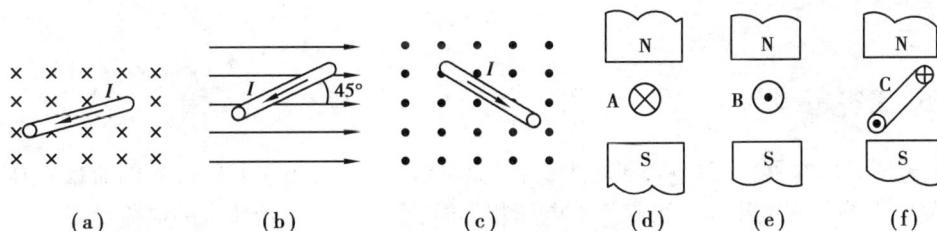

图 3-9

4.①试画出图 3-10 线圈中感应电流的方向。

②试标出感应电动势的极性。

③线框 abcd 应如何转动？（俯视）

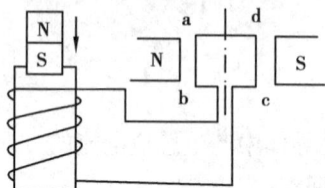

图 3-10

5.如图 3-11 所示,磁场为垂直纸面向里的匀强磁场,ab 为载流直导体,电流方向竖直向上。

（1）画出直导体 ab 所受安培力 F 的方向。

（2）直导体 ab 受安培力 F 作用后,将产生感应电动势。标出直导体 ab 中感应电动势 e 的方向。

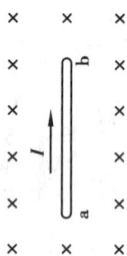

图 3-11

五、简答题

1.有两只电容器,一只电容量较大,另一只电容量较小,当它们所带的电荷量一样时,哪一只电容器的端电压高？当它们端电压相等时,哪一只电容器所带的电荷量多？

2.一只耐压为 220 V 的电容器可以工作在 220 V 的交流电路中吗？为什么？

六、计算题

1.有一长为 0.6 m 的直导体，在磁感应强度 $B = 0.5$ T 的匀强磁场中与磁感线方向成 30°角，且受到的磁场力为 1.5 N，求导体中的电流强度大小。

2.如图 3-12 所示，abcd 为导电的框架，中间串接检流计，导体 cd 可在框架上左右移动，如磁感强度 $B = 0.01$ T，导体长度 cd = 0.1 m，导体以 0.4 m/s 的速度向右做垂直切割磁感线的滑动，求感应电动势的大小和感应电流的方向。

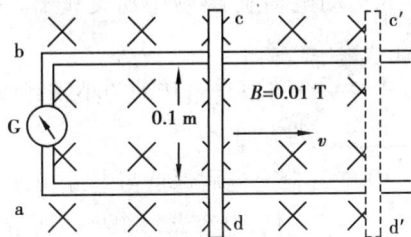

图 3-12

3.有两只电容器，其中 $C_1 = 20$ μF，耐压 100 V；$C_2 = 40$ μF，耐压 160 V。试求：
①它们串联之后总的容量和耐压值。
②它们并联之后总的容量和耐压值。
③如果将这两只电容器串联后接入电压为 200 V 的直流电路中，是否安全？为什么？

自我检测题

一、填空题

1.任何两个彼此_____而又相互靠近的_____可构成电容器。

2._____是电容器储存电荷能力的物理量,国际单位是_____。

3.平行板电容器的电容与两极板的相对有效_____成正比,与两极板内表面间的_____成反比,还与绝缘介质的_____有关。

4.电容器的额定工作电压一般称为_____。接到交流电路中,其额定工作电压_____交流电压的最大值。

5.两只 50 μF,300 V 的电容器,串联后等效电容为_____,耐压为_____ V,并联后等效电容为_____ μF,耐压为_____ V。

6.判定通电线圈产生的磁场方向时,四指指向_____的方向,大拇指所指的方向是线圈中_____的方向。

7.匀强磁场中,磁感应强度 B 就是与磁场垂直的单位面积上的磁通,因此磁感应强度又称为_____。

8.运动电荷在磁场中所受的作用力称为_____,方向用_____判断。

9.将一个可以自由转动的小磁针放入磁场中的某点,小磁针静止时,N 所指的方向就是_____的方向。

10.电容器充电后保持与电源相连,将极板面积增大一倍,则电容器的电容将变为原来的_____倍,电容器每个极板所带的电量为原来的_____倍,电容器两极板间的电压_____(变或不变)。

11.一只电容器的外壳上标注有 4n7 字样,则表明它的标称容量为_____。若外壳上标注有 103 字样,则表明它的标称容量为_____。

12.导体在磁场内"切割"磁感线运动时产生的电动势,称为_____。导体在单位时间内切割的磁感线越多,则_____越大,反之则越小。

13.当闭合回路的一部分导线在磁场做_____运动时,线路里就有_____产生。

14.当穿过线圈的_____发生变化时,线圈中要产生感应电动势,感应电动势的方向可用_____确定。

二、判断题

1.耐压为 220 V 的电容器不能接到电压有效值为 220 V 的交流电路上。 (   )

2.电容器串联时的等效电容比其中任何一个电容都大,并联时的等效电容比其中任何一个都小。 (   )

3.电容器在充放电过程中,充放电时间常数越大充放电越快。 (   )

4.电容器是储存电场能量的元件。 (   )

5.用左手定则判定正电荷所受的洛伦兹力方向时,左手四指指的是速度的相反方向。 (   )

6.载流导体在磁场中的受力方向、电流方向、磁场方向三者互成直角,且在同一平面内。

( )

7.磁感线是一组相交的闭合曲线。 ( )

8.只要穿过回路的磁通量发生变化,该回路中必定发生感应电流。 ( )

9.电路中有感应电流不一定有感应电动势。 ( )

10.通电导体在磁场中受力,在磁场方向与电流方向平行时受力最大。 ( )

三、选择题

1.电容器上标有"30 μF/600 V"的字样,600 V 的电压是指( )。

A.额定电压 B.最小电压 C.最大电压 D.交流电压

2.电容滤波电路是利用电容的( )进行滤波。

A.充电原理 B.放电原理 C.充放电原理 D.储能原理

3.下列关于电容的说法,正确的是( )。

A.只有电容器才有电容 B.电容越大,电荷越多

C.任何两个导体之间都存在电容 D.电容越小,储存的电场能越大

4.如图 3-13 所示,A、B 是两个完全相同的灯泡,L 是自感系数较大的线圈,其直流电阻忽略不计。当电键 S 闭合时,下列说法正确的是( )。

A.A 比 B 先亮,然后 A 熄灭

B.B 比 A 先亮,A 逐渐变亮

C.A、B 同时亮,然后 A 熄灭

D.A、B 同时亮,然后 A 逐渐变亮,B 的亮度不变

5.如图 3-14 所示,有两根平行导轨 AB、CD 置于匀强磁场中,B、D 分别接检流计的正负接线柱。若金属导体 EF 在平行导轨上无摩擦向右滑动,则检流计的指针( )。

A.反偏 B.不动 C.正偏 D.左右摆动

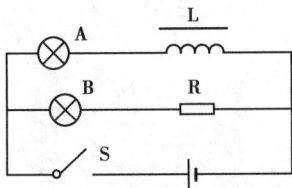

图 3-13

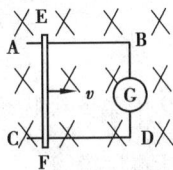

图 3-14

6.图 3-15 为测线圈同名端的实验电路图,直流电压表的正极接线圈的 C 端,当闭合时,电压表的指针反向偏转,则( )。

A.AC 为同名端 B.AD 为同名端 C.BC 为同名端 D.BD 为异名端

7.如图 3-16 所示,条形磁铁从空中落下并穿过空心线圈的过程中,检流计的指针指向电流流入的一端,下列说法正确的是( )。

A.检流计的指针不发生偏转

B.检流计的指针偏向上端

C.检流计的指针偏向下端

D.检流计的指针先偏向下端,后偏向上端

8.两根平行直导线通过相反方向的直流电流时,它们之间的作用力(　　)。

A.互相排斥　　　　B.互相吸引　　　　C.无相互作用　　　　D.都不正确

9.如图 3-17 所示,导体 AB 在匀强磁场中按箭头所指方向运动,其结果是(　　)。

A.不产生感应电动势

B.有感应电动势,并且 A 点电位高 B 点电位低

C.有感应电动势,并且 A 点电位低 B 点电位高

D.都不正确

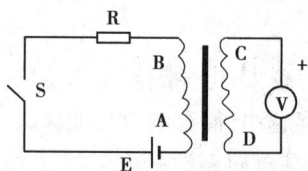　　　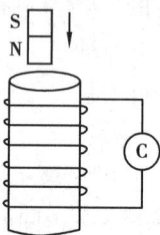　　　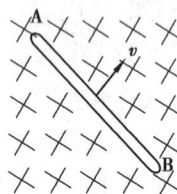

图 3-15　　　　　　　　　　图 3-16　　　　　　　　　图 3-17

10.如图 3-18 所示,长为 L 的金属杆在外力作用下,在匀强磁场中沿水平光滑导轨匀速运动,如果速度 v 不变,而将磁感强度由 B 增为 $2B$。那么下列错误的是(其他电阻不计)(　　)。

A.作用力将增为 4 倍

B.作用力将增为 2 倍

C.感应电动势将增为 2 倍

D.感应电流的热功率将增为 4 倍

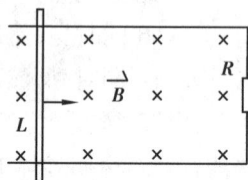

图 3-18

四、作图题

1.画出图 3-19 中第 3 个物理量的方向。

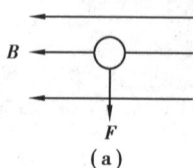　　　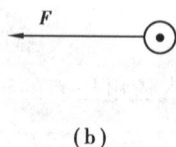　　　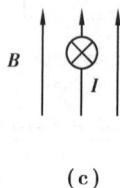　　　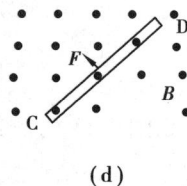

(a)　　　　　　　　(b)　　　　　　　(c)　　　　　　　　(d)

图 3-19

2.如果要让如图 3-20 所示的通电电线在电磁力的作用下向上运动,应该如何连接电源,请在图中画出来。

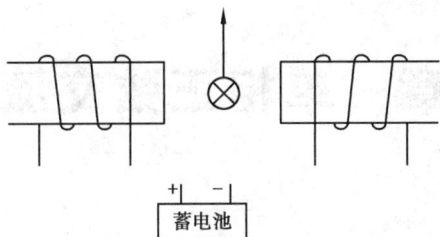

图 3-20

五、简答题

1.有人说,因为 $C = \dfrac{q}{U}$,所以 C 与 q 成正比,与 U 成反比,这种说法对吗? 为什么?

2.楞次定律告诉我们,感应电流产生的磁通总是阻碍原磁通的变化,这是不是说感应电流产生的磁通总是与原磁通方向相反?

六、计算题

1.如图 3-21 所示的电路中,$C_1 = 20\ \mu F$,$C_2 = 30\ \mu F$,电源电压 $U = 100\ V$,先将开关 S 置于 A 点对电容器 C_1 充电,然后将开关 S 置于 B 点。

求:①当 C_1 与 C_2 连接后两板间的电压各是多少?
②每个电容器所带的电量各是多少?

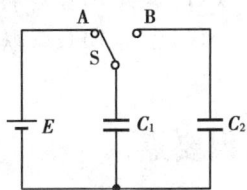

图 3-21

2.在 0.4 T 的匀强磁场中,长度为 25 cm 的导线以 6 m/s 的速度做切割磁感线运动,运动方向与磁感线成 30°,并与导线本身垂直,求导线中感应电动势的大小。

第四章　单相正弦交流电路

学习目标

（1）了解正弦交流电的概念和特点；

（2）理解正弦交流电中瞬时值、最大值、有效值、平均值、周期、频率、角频率、相位、初相位、相位差等基本物理量；

（3）掌握正弦交流电的三要素；

（4）理解正弦交流电的 3 种常用表示方法；

（5）掌握纯电阻电路的特点及其应用；

（6）掌握纯电感电路的特点及其应用；

（7）掌握纯电容电路的特点及其应用；

（8）理解感抗、容抗、有功功率、无功功率、视在功率和功率因素的概念及其相互关系；

（9）掌握 RL 串联电路的特点及其应用；

（10）掌握 RC 串联电路的特点及其应用；

（11）掌握 RLC 串联电路的特点及其应用；

（12）了解 RLC 串联谐振电路的振荡条件、特点和通频带。

知识要点

一、正弦交流电的基本物理量

1.正弦交流电的概念

大小和方向都随时间按正弦函数规律进行周期性变化的电压或电流称为正弦交流电。

2.正弦交流电的瞬时表达式

$$e = E_m \sin(\omega t + \varphi_0)$$
$$u = U_m \sin(\omega t + \varphi_0)$$

$$i = I_m \sin(\omega t + \varphi_0)$$

3.正弦交流电的3个特点

①瞬时性:在一个周期内,不同时间的瞬时值均不相同。

②周期性:每隔一定的时间间隔,曲线将重复变化。

③规律性:始终按照正弦函数的规律变化。

4.正弦交流电的基本物理量

(1)瞬时值、最大值、有效值、平均值是表示正弦交流电大小或强弱的物理量

①瞬时值:随时间变化的电流、电压、电动势和功率在任何一瞬间的数值,分别用 i、u、e、p 表示,如电压 $u = U_m \sin \omega t$。

②最大值:正弦交流电在一个周期内所能达到的最大数值,也称幅值、峰值、振幅等,分别用 E_m、U_m、I_m 表示。

③有效值:在相同时间内,一个直流电流和一个交流电流通过大小相等的电阻 R,若电阻上的发热量相等,这个直流电的数值即称为该交流电的有效值。正弦交流电的有效值分别用 E、U、I 表示。

有效值与最大值的关系为:

$$E = \frac{E_m}{\sqrt{2}} = 0.707E_m, \quad U = \frac{U_m}{\sqrt{2}} = 0.707U_m, \quad I = \frac{I_m}{\sqrt{2}} = 0.707I_m$$

即:正弦交流电的有效值是最大值的 0.707 倍,最大值是有效值的 $\sqrt{2}$ 倍。

④平均值:电流平均值是正弦交流电在半个周期内,在同一方向通过导体横截面积的电流与半个周期时间之比的值, 用 I_{PJ} 表示。电压、电动势的平均值分别用 E_{PJ}、U_{PJ} 表示。

(2)周期、频率、角频率是表示正弦交流电变化快慢的物理量

①周期:交流电完成一次周期性变化所用的时间,用 T 表示,单位是秒(s)。

②频率:交流电在单位时间内(1 s)完成周期性变化的次数,用 f 表示,单位是赫[兹](Hz)。频率常用的单位还有千赫(kHz)和兆赫(MHz),它们的关系为:

$$1 \text{ kHz} = 10^3 \text{Hz}, \quad 1 \text{ MHz} = 10^6 \text{Hz}$$

周期和频率之间互为倒数关系,即 $T = \dfrac{1}{f}$。我国规定交流电的频率是 50 Hz,习惯上称为"工频"。

③角频率:交流电在 1 s 时间内电角度的变化量,用 ω 表示,单位是弧度每秒(rad/s)。

周期、频率和角频率三者的关系如下:

$$\omega = 2\pi f = \frac{2\pi}{T}, \quad f = \frac{1}{T} = \frac{\omega}{2\pi}, \quad T = \frac{1}{f} = \frac{2\pi}{\omega}$$

(3)相位、初相位、相位差

①相位:表示正弦交流电在某一时刻所处状态的物理量。它不仅决定正弦交流电的瞬时值的大小和方向,还能反映正弦交流电的变化趋势。"$\omega t + \varphi$"就是正弦交流电的相位,单位为度(°)或用弧度(rad)表示。

②初相位:表示正弦交流电起始时刻所处状态的物理量。正弦交流电在 $t=0$ 时的相位称为初相位,简称初相,用 φ_0 表示。初相位的大小和时间起点的选择有关,初相位的绝对值用小于 π 的角表示。

③相位差:两个同频率正弦交流电,在任一瞬间的相位之差就是相位差,用符号 $\Delta\varphi$ 表示。

5.交流电的三要素

通常把最大值(或幅值)、角频率(周期、频率)、初相位称为交流电的三要素。

小技巧

记忆口诀

交流电有三要素,初相振幅和频率。

变化起点叫初相,小于 π 的角表示。

变化幅度叫振幅,通常也称最大值。

变化快慢叫频率,50赫兹是工频。

只要知道三要素,交流电能可表述。

二、正弦交流电的表示方法

正弦交流电可以用解析法(表达式)、图像法(波形图法)、旋转矢量法来表示。无论采用哪种表示法,都要求能反映出正弦交流电的三要素。

1.解析法

利用正弦函数式表示正弦交流电随时间变化关系的方法称为解析法,如:

$$e = E_m\sin(\omega t + \varphi_0)$$
$$u = U_m\sin(\omega t + \varphi_0)$$
$$i = I_m\sin(\omega t + \varphi_0)$$

已知正弦交流电的三要素,即可写出瞬时值的函数表达式。

2.图像法(波形图法)

用正弦函数的图像表示正弦交流电的方法,也称为图像法、曲线法,其优点是可以直观地看出交流电的变化规律。

可以通过五点作图法来作正弦量的波形图,具体步骤如下。

①作出合适的坐标,并分别在纵坐标和横坐标上标出合适的比例线段。

②在纵坐标上标出所作的正弦量的最大值和最小值。

③用五点作图法在直角坐标上描出五点的准确位置:以 φ_0 为初相位,第一点为起点 $(-\varphi_0,0)$,第二点为正峰值点 $\left(\dfrac{\pi}{2}-\varphi_0,最大值\right)$,第三点为中点 $(\pi-\varphi_0,0)$,第四点为负峰值点 $\left(\dfrac{3\pi}{2}-\varphi_0,最小值\right)$,第五点为终点 $(2\pi-\varphi_0,0)$。

④在直角坐标系中用光滑的曲线将五点连接起来,如图 4-1 所示。

从波形图中,可以直观地看出交流电的三要素。

3.旋转矢量法

在平面上以等角速度绕原点不断旋转的矢量,称为旋转矢量。电流、电压、电动势 3 个正弦量的旋转矢量最大值分别用 $\dot{I}_m$、$\dot{U}_m$、$\dot{E}_m$ 表示,有效值用 $\dot{I}$、$\dot{U}$、$\dot{E}$ 表示。

绘制矢量图的步骤及方法如下:

①用虚线表示 Ox 轴。

②确定有向线段的比例单位。

③从原点出发作有向线段,它与其准线 x 轴的夹角等于初相位。规定逆时针方向的角度为正,顺时针方向的角度为负。

④在有向线段上截取线段,使线段的长度符合解析式中的有效值(或最大值),并在有向线段的末端加上箭头,如图 4-2 所示。

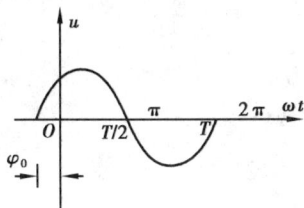

图 4-1

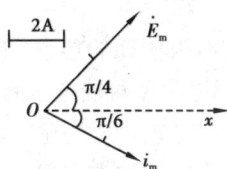

图 4-2

正弦交流电用矢量表示后,利用矢量加减的方法——平行四边形法则进行运算,可简便地求得合成旋转矢量的振幅和初相。

只有同频率的正弦量才能利用旋转矢量的平行四边形法则来进行加、减运算。

4.正弦量解析式、波形图、矢量图的相互转换

通常情况下解析式和波形图可互换,解析式和波形图可换成矢量图,但矢量图不能直接换成解析式和波形图,还需要知道正弦量的频率(角频率或周期)才行。同频率的正弦量能画在同一矢量图上和波形图上,在矢量图上能直观反映出各个正弦量的大小和相位关系。

三、单一参数交流电路

1.纯电阻电路

(1)纯电阻电路的定义

由纯电阻性元件和交流电源组成的电路称为纯电阻电路。日常生活中的白炽灯、电烙铁、电熨斗等都属于纯电阻性负载。

(2)纯电阻电路的特点

①电流与电压的瞬时值、最大值、有效值之间都服从欧姆定律。

$$i = \frac{u}{R}, \quad I_m = \frac{U_m}{R}, \quad I = \frac{U}{R}$$

②电流和电压同相,即相位差为零。

纯电阻电路的波形图和旋转矢量图,如图 4-3 所示。

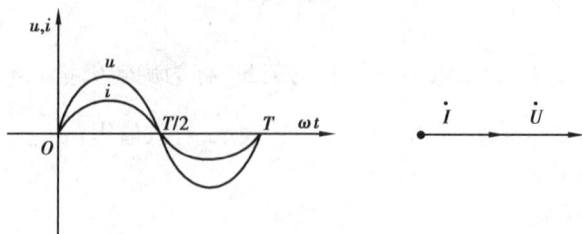

图 4-3

（3）纯电阻电路的功率

电阻是耗能元件,它消耗的功率称为有功功率。有功功率也就是平均功率,它表示瞬时功率在一个周期内的平均值。

$$P = UI = I^2R = \frac{U^2}{R}$$

式中　P——电阻消耗的功率,单位为瓦[特],符号为 W;

　　　　U——电阻 R 两端电压有效值,单位为伏[特],符号为 V;

　　　　I——流过电阻的电流有效值,单位为安[培],符号为 A;

　　　　R——用电器的电阻值,单位为欧[姆],符号为 Ω。

2.纯电感电路

（1）纯电感电路的定义

纯电感电路是指电感线圈(电阻忽略不计)与交流电源连接成的电路。

电感电抗(简称为感抗),用 X_L 表示,它的大小和电源频率成正比,和线圈的电感量成正比。即

$$X_L = \omega L = 2\pi f L$$

式中　f——电源的频率,单位为赫[兹],符号为 Hz;

　　　　L——线圈的电感量,单位为亨[利],符号为 H;

　　　　X_L——电感的电抗,单位为欧[姆],符号为 Ω。

感抗用来表示电感线圈对交流电所呈现的阻碍作用。电感线圈有"通直流,阻交流;通低频,阻高频"的性能。

（2）纯电感电路的特点

①电流、电感的有效值(或最大值)服从欧姆定律,而瞬时值不遵从欧姆定律。

$$I = \frac{U_L}{X_L}, \quad I_m = \frac{U_{Lm}}{X_L}$$

②电感两端的电压 U_L 超前电流 $\frac{\pi}{2}$。

设:通过线圈的电流为 $i = I_m \sin \omega t$,线圈两端的电压为 $u_L = U_m \sin\left(\omega t + \frac{\pi}{2}\right)$,则电流

和电压的波形图及旋转矢量图,如图 4-4 所示。

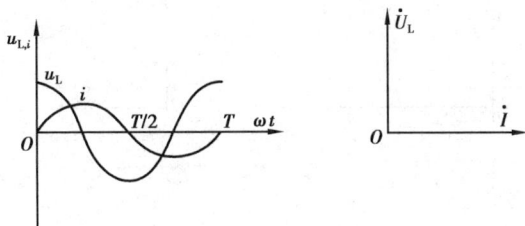

图 4-4

③纯电感电路的功率

瞬时功率等于电压与电流的瞬时值的乘积,即:

$$p = ui = U_L I \sin 2\omega t$$

电感是储能元件,有功功率为零($P=0$)。所占用的功率为无功功率 Q,在数值上等于电感两端电压有效值与电感线圈中的电流有效值之积。

$$Q_L = UI = I^2 X_L = \frac{U_L^2}{X_L}$$

式中　Q_L——无功功率,单位名称是乏,符号为 var。

3.纯电容电路

(1)纯电感电器的定义

纯电容电路是指电容器的漏电电阻和分布电感忽略不计,将电容器接到交流电源上的电路。

容抗,用 X_C 表示,它的大小和电源频率成反比,和电容器的电容量成反比。

$$X_C = \frac{1}{\omega C} = \frac{1}{2\pi f C}$$

式中　f——电源的频率,单位为赫[兹],符号为 Hz;

　　　C——电容器的电容量,单位为法[拉],符号为 F;

　　　X_C——电容器的容抗,单位为欧[姆],符号为 Ω。

容抗用来表示电容器对交流电所呈现的阻碍作用。电容器有"通交流,阻直流;通高频,阻低频"的性能。

(2)纯电容电路的特点

①电流、电压的有效值(或最大值)服从欧姆定律,而瞬时值不遵从欧姆定律。

$$I = \frac{U_C}{X_C}, \quad I_m = \frac{U_{Cm}}{X_C}$$

②电容器两端的电压 U_C 滞后电流 $\frac{\pi}{2}$。

设:电容两端的电压为 $U_C = U_m \sin \omega t$,流过电容的电流为 $i = I_m \sin\left(\omega t + \frac{\pi}{2}\right)$,则电流和电压的波形图及旋转矢量图,如图 4-5 所示。

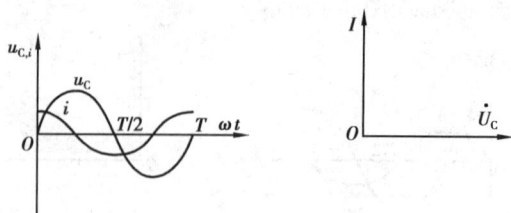

图 4-5

（3）纯电容电路的功率

瞬时功率等于电压与电流的瞬时值的乘积，即：

$$p = ui = U_C I \sin 2\omega t$$

电容是储能元件，有功功率为零（$P = 0$）。所占用的功率为无功功率 Q，在数值上等于电容两端电压有效值与电容中的电流有效值之积。

$$Q_C = U_C I = I^2 X_C = \frac{U_C^2}{X_C}$$

式中　Q_C——无功功率，单位为乏，符号为 var。

单一参数交流电路的特点，见表 4-1。

表 4-1　单一参数交流电路的特点

特性名称		纯电阻 R 电路	纯电感 L 电路	纯电容 C 电路
阻抗特性	阻抗	电阻 R	感抗 $X_L = \omega L = 2\pi fL$	容抗 $X_C = \dfrac{1}{\omega C} = \dfrac{1}{2\pi fC}$
	直流特性	有电阻的阻碍作用	通直流（相当于短路）	隔直流（相当于开路）
	交流特性	有电阻的阻碍作用	通低频、阻高频	通高频、阻低频
电流电压数量关系		$I = \dfrac{U}{R}$	$I = \dfrac{U_L}{X_L}$	$I = \dfrac{U_C}{X_C}$
电流电压相位关系		u、i 同相	u 超前于 i 90°	u 滞后于 i 90°
有功功率		$P = UI = I^2 R = \dfrac{U^2}{R}$	$P = 0$	$P = 0$
无功功率		$Q = 0$	$Q_L = UI = I^2 X_L = \dfrac{U_L^2}{X_L}$	$Q_C = U_C I = I^2 X_C = \dfrac{U_C^2}{X_C}$
满足欧姆定律的参数		最大值、有效值、瞬时值	最大值、有效值	最大值、有效值

四、正弦交流电串联电路

1.正弦交流电串联电路的特性

3 种正弦交流电串联电路的特性比较见表4-2。

表 4-2　3 种正弦交流电串联电路特性比较

特性名称	RL 串联电路	RC 串联电路	RLC 串联电路
电抗与频率的关系	$X_L = \omega L = 2\pi f L$	$X_C = \dfrac{1}{\omega C} = \dfrac{1}{2\pi f C}$	$X_L = 2\pi f L$ $X_C = \dfrac{1}{2\pi f C}$
阻抗计算公式	$Z = \sqrt{R^2 + X_L^2}$	$Z = \sqrt{R^2 + X_C^2}$	$Z = \sqrt{R^2 + (X_L - X_C)^2}$
总电压与其余电压间的数量关系	$U = \sqrt{U_R^2 + U_L^2}$	$U = \sqrt{U_R^2 + U_C^2}$	$U = \sqrt{U_R^2 + (U_L - U_C)^2}$
总电压与电流的相位关系	u 超前于 i 一个小于 $\dfrac{\pi}{2}$ 的 φ $\varphi = \arctan \dfrac{U_L}{U_R}$	u 滞后于 i 一个小于 $\dfrac{\pi}{2}$ 的 φ $\varphi = \arctan \dfrac{U_C}{U_R}$	u 超前（感性），滞后（容性）于 i 一个小于 $\dfrac{\pi}{2}$ 的 φ，也可同相（阻性） $\varphi = \arctan \dfrac{U_L - U_C}{U_R}$
总电压与电流的数量关系	$U = IZ$，$U_m = I_m Z$	$U = IZ$，$U_m = I_m Z$	$U = IZ$，$U_m = I_m Z$
有功功率	$P = I^2 R$	$P = I^2 R$	$P = I^2 R$
无功功率	$Q_L = I^2 X_L$　（呈感性）	$Q_C = I^2 X_C$（呈容性）	$Q = Q_L - Q_C$（感性、容性、电阻性）
视在功率	$S = \sqrt{P^2 + Q_L^2}$	$S = \sqrt{P^2 + Q_C^2}$	$S = \sqrt{P^2 + (Q_L - Q_C)^2}$

在复习时,可这样记忆:若将 RLC 串联电路中的电容 C 短路去掉,即令 $X_C = 0$,$U_C = 0$,则其公式完全适用于 RL 串联情况;若将 RLC 串联电路中的电感 L 短路去掉,即令 $X_L = 0$,$U_L = 0$,则其公式完全适用于 RC 串联情况。

2.功率因数

（1）功率因素的表达式

$$\cos \varphi = \frac{P}{S} = \frac{R}{Z} = \frac{U_R}{U}$$

（2）提高功率因素的意义及方法

提高功率因素,可以提高电源的利用率,其常用方法如下:

①合理的使用用电设备;

②并联补偿电容器。

3.电能测量

①电能表(俗称火表)又称为电度表、千瓦时计,是用来测量和记录电能累积值的专用仪表。

②电能表根据相数不同,可分为单相电能表和三相电能表;根据测量原理不同,可分为感应式电能表和电子式电能表。

③单相电能表有 4 个接线柱,其接线方法是:面对电能表接线盒,从左至右,分别是火线进线、火线出线,零线进线、零线出线。

解题示例

例 4-1　已知某正弦交流电 $i = 30\sqrt{2} \sin\left(100\pi t + \dfrac{\pi}{4}\right)$,试求振幅、有效值、角频率、频率、周期各为多少。

【分析】　根据题意已知正弦交流电的表达式,可得到振幅(最大值)和角频率,再分别计算出有效值、频率和周期。

解:从正弦交流电 $i = 30\sqrt{2} \sin\left(100\pi t + \dfrac{\pi}{4}\right)$ 可知

振幅:$I_m = 30\sqrt{2}$ A $= 42.6$ A

有效值:$I = \dfrac{I_m}{\sqrt{2}} = 30$ A

角频率:$\omega = 100\pi$ (rad/s)

频率:$f = \dfrac{\omega}{2\pi} = 50$ Hz

周期:$T = \dfrac{1}{f} = \dfrac{1\ 周期}{50\ 周期/s} = 0.02$ s

答:该正弦交流电的振幅为 42.6 A,有效值为 30 A,角频率为 100 π(rad/s),频率为 50 Hz,周期为 0.02 s。

例 4-2　在 RLC 串联电路中,交流电源电压 $U = 220$ V,频率 $f = 50$ Hz,$R = 30$ Ω,$L = 445$ mH,$C = 32$ μF。试求:①电路中的电流大小 I。②总电压与电流的相位差 φ。③各元件上的电压 U_R、U_L、U_C。

【分析】　根据题意已知电压要求电流 I,可先求出 X_L,X_C 再求出总阻抗 Z,就可根据 $I = \dfrac{U}{Z}$ 求出电流;再根据阻抗三角形公式可求出相位差;再根据公式可求出元件上的电压。

解:①$X_L = 2\pi f L \approx 140$ Ω,$X_C = \dfrac{1}{2\pi f C} \approx 100$ Ω,$Z = \sqrt{R^2 + (X_L - X_C)^2} = 50$ Ω,$I = \dfrac{U}{Z} = 4.4$ A

②$\varphi = \arctan \dfrac{X_L - X_C}{R} = \arctan \dfrac{40}{30} = 53.1°$,电压比电流超前 53.1°,电路呈感性。

③$U_R = RI = 132$ V，$U_L = X_L I = 616$ V，$U_C = X_C I = 440$ V。

答：电路中的电流为 4.4 A，电压与电流的相位差为电压超前电流 53.1°，电阻上的电压为 132 V，电感上的电压为 616 V，电容上的电压为 440 V。

例 4-3　一个阻值为 60 Ω 的电阻和电容量为 125 μF 的电容器串联后，接在 $u = 110\sqrt{2}$ $\sin\left(100\pi t + \dfrac{\pi}{2}\right)$ V 的交流电源上。试求：①电容器的容抗；②电路的阻抗；③电路中电流有效值；④有功功率、无功功率和视在功率；⑤功率因数。

【分析】　已知电压表达式，可得出最大值、角频率、初相位，然后可用 $X_C = \dfrac{1}{\omega C}$ 计算出电容器的容抗；用公式 $Z = \sqrt{R^2 + X_C^2}$ 可计算出电路阻抗；用公式 $U = \dfrac{U_m}{\sqrt{2}}$、$I = \dfrac{U}{Z}$ 计算出电流的有效值；再用功率和功率因数的相关公式，计算出相关功率和功率因数。

解：已知 $u = 110\sqrt{2}\,\sin\left(100\pi t + \dfrac{\pi}{2}\right)$ V，得到：

$$U_m = 110\sqrt{2}\text{ V}, \qquad \omega = 110\pi(\text{rad/s}), \qquad \varphi_0 = \frac{\pi}{2}$$

①电容器的容抗为：

$$X_C = \frac{1}{\omega C} = \frac{1}{100\pi \times 125 \times 10^{-6}\text{F}} \approx 25\ \Omega$$

②电路的阻抗为：

$$Z = \sqrt{R^2 + X_C^2} = \sqrt{(60\ \Omega)^2 + (25\ \Omega)^2} = 65\ \Omega$$

③电路中电流有效值为：

$$U = \frac{U_m}{\sqrt{2}} = \frac{110\sqrt{2}\text{ V}}{\sqrt{2}} = 110\text{ V}$$

$$I = \frac{U}{Z} = \frac{110\text{ V}}{65\ \Omega} \approx 1.7\text{ A}$$

④有功功率、无功功率和视在功率分别为：

$$P = RI^2 = 60\ \Omega \times (1.7\text{ A})^2 \approx 173.4\text{ W}$$

$$Q_C = X_C I^2 = 25\ \Omega \times (1.7\text{ A})^2 \approx 72.25\text{ W}$$

$$S = \sqrt{P^2 + Q_C^2} = \sqrt{(173.4\text{ W})^2 + (72.25\text{ var})^2} \approx 188\text{ V} \cdot \text{A}$$

⑤功率因数：

$$\cos\varphi = \frac{P}{S} = \frac{173.4\text{ W}}{188\text{ V} \cdot \text{A}} \approx 0.92$$

答：电容器的容抗为 25 Ω，电路的阻抗为 65 Ω，电路中电流有效值为 1.7 A，有功功率为 173.4 W，无功功率为 72.25 var，视在功率为 188 V·A，功率因数为 0.92。

课堂练习题

一、填空题

1.正弦交流电的三要素是 _____、_____、_____。我国电网的频率是 _____,角频率是 _____。市网电压为 220 V,其电压最大值是 _____。

2.有一正弦交流电流,有效值为 20 A,其最大值为 _____,平均值为 _____。

3.已知两个正弦交流电流 $i_1 = 10 \sin(314t - 30°)$ A,$i_2 = 310 \sin(314t + 90°)$ A,则 i_1 和 i_2 的相位差为 _____,_____ 超前 _____。

4.在电源频率为 50 Hz 的纯电感电路中,已知电流的初相位为 $\frac{\pi}{4}$,$I = 5$ A,则电流的瞬时表达式 $i =$ _____。

5.两个同频率正弦量同相时,其相位差为 _____;反相时,其相位差为 _____;正交时,其相位差为 _____。

6.在电源频率为 50 Hz 的纯电感电路中,已知电压的初相位为 $\frac{\pi}{6}$,电流 $I = 8$ A,则电流的瞬时表达式为 _____。

7.如图 4-6 所示中的 $I = 0.707 I_m$,表示的是交流电的 _____ 值。

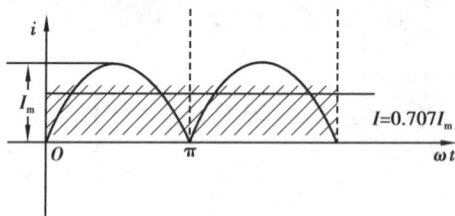

图 4-6

8.用旋转矢量分析计算几个交流电的参数时,必须是 _____ 的正弦交流电。

9.我国居民照明电压是 220 V,这是它的 _____ 值;最大值是 _____ V,它的频率是 _____ Hz,周期是 _____ s,角频率是 _____ rad/s。

10.已知某交流电路,电源电压 $u = 200\sqrt{2} \sin(\omega t - 30°)$ V,电路中通过的电流 $i = 2\sqrt{2} \sin(\omega t - 60°)$ A,则电压和电流之间的相位差是 _____,电路呈 _____ 性。

11.已知 $u = -4 \sin(100t + 270°)$ V,$U_m =$ _____ V,$\omega =$ _____ rad/s,$\varphi =$ _____ rad,$T =$ _____ s,$f =$ _____ Hz,$t = \frac{T}{12}$ 时,$u =$ _____。

12.在纯电感交流电路中,电压与电流的相位关系是电压 _____ 电流 90°,感抗 $X_L =$ _____,单位是 _____。

13.在纯电容交流电路中,电压与电流的相位关系是电压 _____ 电流 90°,容抗 $X_C =$ _____,单位是 _____。

14.在直流电路中,电源频率 $f=0$,容抗为 ∞ ,电流无法通过电容器,因此,电容器具有_____作用。

15.纯电感元件对交流电的阻碍作用称为_____,用_____表示,其表达式为_____,单位为_____;交流电频率越大,感抗越_____,交流电频率越小,感抗越_____,当交流电频率为0(即直流电),感抗为_____,电流顺利通过电感器,因此电感器具有_____的作用。

16.纯电容元件对交流电的阻碍作用称为_____,用_____表示,其表达式为_____,单位为_____;交流电频率越大,容抗越_____,交流电频率越小,容抗越_____,当交流电频率为0(即直流电),容抗为_____,电流无法通过电容器,因此,电容器具有_____的作用。

17.在纯电感电路中,其最大值、有效值均满足_____定律,而_____不满足欧姆定律,电感上电压的相位_____电流_____,该电路的有功功率 $P=$ _____,而无功功率 $Q_L=$ _____。

18.在纯电容电路中,其最大值、有效值均满足_____定律,而_____不满足欧姆定律,电容上电压的相位_____电流_____,该电路的有功功率 $P=$ _____,而无功功率 $Q_C=$ _____。

19.在纯电容正弦交流电路中,增大电源频率时,其他条件不变,电容中电流 I 将_____。

20.电流 i_1 、 i_2 的波形如图 4-7 所示,两个函数的频率为 50 Hz,则其 $I_1=$ _____, $I_2=$ _____; i_1 的初相位为_____, i_2 的初相位为_____, i_1 的瞬时值表达式为_____; i_2 的瞬时值表达式为_____; i_1 、 i_2 的相位关系为 i_1 _____ i_2 。

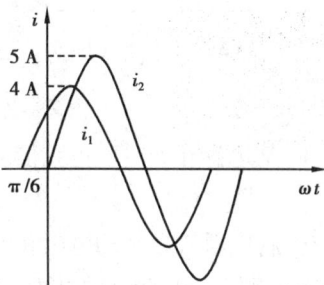

21.在 RL 串联电路中,总电压 $U=$ _____;电路的总电压与电流的相位关系为电压_____电流_____的角,电路呈_____;其阻抗 $Z=$ _____,阻抗三角形的 3 个边分别为_____、_____、_____。其有功功率 $P=$ _____,无功功率 $Q=$ _____,视在功率 $S=$ _____,功率三角形的三个边分别为_____、_____、_____。

图 4-7

22.在 RC 串联电路中电压的数量关系为 $U=$ _____;电路的总电压与电流的相位关系为电压_____电流_____的角,电路呈_____,其阻抗 $Z=$ _____,阻抗三角形的 3 个边分别为_____、_____、_____;其有功功率 $P=$ _____,无功功率 $Q=$ _____,视在功率 $S=$ _____,功率三角形的 3 个边分别为_____、_____、_____。

23.电抗体现了_____和_____共同对交流电的_____作用,表达式为_____。

24.在 RLC 串联电路中,总电压 $U=$ _____;电路的总电压与电流的相位关系为电压_____电流_____的角,其阻抗 $Z =$ _____,阻抗三角形的 3 个边分别为_____、_____、_____;其有功功率 $P =$ _____,无功功率 $Q =$ _____,视在功率 $S =$ _____,功率三角形的 3 个边分别为_____、_____、_____。

25.在 RLC 串联电路中,当 $X_L = X_C$,电路呈_____;$X_L > X_C$,电路呈_____;$X_L < X_C$,电路呈_____。

26.在 RLC 串联电路中,当 L、C 固定时,电路的谐振频率为_____,当电容量增大时,电路呈_____性,当电感量增大时,电路呈_____性。

27.在交流电路中,P 称为_____,单位是_____它是电路中_____组件消耗的功率;Q 称为_____,单位是_____,它是电路中_____或_____组件与电源进行能量交换时瞬时功率的有效值;S 称为_____,单位是_____,它是_____提供的总功率。

28.功率因数是_____和_____的比值。纯电阻电路的功率因数为_____,纯电感电路的功率因数为_____,纯电容电路的功率因数为_____。

29. 如图 4-8 所示,电工学三角形的名称分别是:A 图_____;B 图_____;C 图_____。

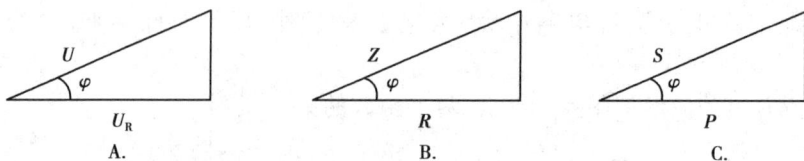

图 4-8

30.某电感在 50 Hz 正弦信号作用下其感抗为 50 Ω,现将信号频率改为 100 Hz,其感抗为_____Ω。

31.将电阻值为 R 的电阻和电感量为 L 的电感串联后,接于电压为 "$u = U_m \sin(\omega_t + \Phi_0)$ V" 的交流电源上,则该电路的总阻抗为_____。

32.在纯电容正弦交流电路中,电流和电压参考方向相同,其电流的初相位超前于电压的初相位_____。

33.某正弦交流电路的视在功率 $S = 10$ V·A,无功功率 $Q = 6$ Var,则有功功率 $P =$ _____ W。

34.某正弦交流电路的有功功率 P 为 3 W,无功功率 Q 为 4 Var,则视在功率为_____ V·A。

35.正弦交流电压 $W = 311 \sin(314t + 45°)$ V 的频率为_____ Hz。

二、判断题

1.两个正弦交流电的相位差就是它们的初相位之差。   (   )

2.两个正弦交流电正交,则其相位差为 π。   (   )

3.在纯电阻电路中,端电压与电流的相位差为零。 （　　）

4.纯电容电路两端电压的初相位为-90°,则其中电流的初相位为0°。 （　　）

5.有效值的矢量在横轴上的投影是该时刻正弦量的瞬时值。 （　　）

6.在纯电感电路中有功功率为0,功率因数为0。 （　　）

7.在纯电容电路中,电容两端的电压和流过电容的电流的相位关系是电压超前电流 $\pi/2$。 （　　）

8.感性电路是指电压超前电流 $\pi/2$ 的电路。 （　　）

9.在直流电路中,电容器视为短路、电感器视为开路。 （　　）

10.在纯电阻电路中,因电阻是耗能元件,则其无功功率为0,功率因数为1。 （　　）

11.正弦交流电路中,电容元件上的电压最大时,电流也最大。 （　　）

12.在同一交流电流作用下,电感 L 越大,电感中的电流就越小。 （　　）

13.在纯电容电路中,电流超前于电压。 （　　）

14.正弦交流电路中,无功功率就是无用功率。 （　　）

15.RL 串联电路的电压三角形的 3 边分别是 U_R, U_L, U。 （　　）

16.RL 串联电路和 RC 串联电路中,电路的性质均为容性。 （　　）

17.RLC 串联电路中,其功率三角形的 3 个边分别是 P, Q_L, Q_C。 （　　）

18.电路功率因数的大小由负载的性质决定。 （　　）

19.正弦交流电在正半周期内的平均值等于其最大值的 $3\pi/2$ 倍。 （　　）

20.用相量图或波形图及解析式求交流电的和与差时,必须是同频率的交流电。 （　　）

21.在 RLC 串联的阻性电路中,电感和电容上的无功功率均为0,功率因素为1。 （　　）

22.交流电路处于串联谐振时,阻抗最大,电流最小。 （　　）

23.某交流电路的功率因数 $\cos \varphi = 1$,说明该电路中只有电阻组件。 （　　）

24.在纯电容电路中,电流超前电压 $\pi/2$,意味着先有电流后有电压。 （　　）

25.在 RLC 串联谐振电路中,总电压是电容和电感两端电压的 Q 倍。 （　　）

26.在 RLC 串联电路中,发生谐振时,电抗为0,感抗和容抗也为0。 （　　）

27.在 RLC 串联电路中,若 $X_L = 10\ \Omega, X_C = 5\ \Omega$,则该电路为容性电路。 （　　）

28.感抗为 X_L 的线圈与容抗为 X_C 的电容器相串联,其总电抗是 $X = X_L + X_C$。 （　　）

29.正弦交流电路的功率因数为该电路的有功功率和视在功率之比。 （　　）

30.在 RLC 串联正弦交流电路中,若 $R = 1\ \Omega, X_1 = 2\ \Omega, X_c = 3\ \Omega$,则该正弦交流电路呈感性。 （　　）

31.同一电路的视在功率等于有功功率加无功功率,即 $S = P + Q$。 （　　）

32.两个电压最大值相同、频率不同的正弦交流电,电压有效值不同。 （　　）

33.在某 RLC 串联正弦交流电路中,若 $X_L > X_c$,则电路将呈感性。 （　　）

34.在正弦交流电路中,纯电感元件的有功功率恒为零。 （　　）

35.在 RLC 串联电路中,当信号源频率等于电路固有频率时产生谐振。　　　　　　（　　）

36.正弦交流电在 1 s 内完成循环变化的次数即为其频率。　　　　　　　　　　　　（　　）

37.在正弦交流电路中,纯电容元件对电流的阻碍作用会随着电流频率增高而增大。

（　　）

三、单项选择题

1.某正弦交流电,当 $t = 0$ 时,最大值 $I_m = 2$ A,初相为 30°,那么电流的瞬时值是（　　）。

    A.1 A　　　　　　　　B.0.5 A　　　　　　　　C.2 A　　　　　　　　D.0.707 A

2.$u_1 = 380\sqrt{2}\sin\left(\omega t - \dfrac{\pi}{3}\right)$ V,$u_2 = 380\sqrt{2}\sin\left(\omega t - \dfrac{\pi}{6}\right)$ V,则 u_1 与 u_2 的相位关系是（　　）。

    A.超前　　　　　　　B.滞后　　　　　　　C.同相　　　　　　　D.正交

3.当流过电感线圈的电流瞬时值为最大值时,电感线圈两端的电压瞬时值为（　　）。

    A.零　　　　　　　　B.最大　　　　　　　C.有效值　　　　　　D.不一定

4.如图 4-9 所示电路中,白炽灯最亮的是（　　）。（图中各白炽灯均能发光,且电源为同一电源）

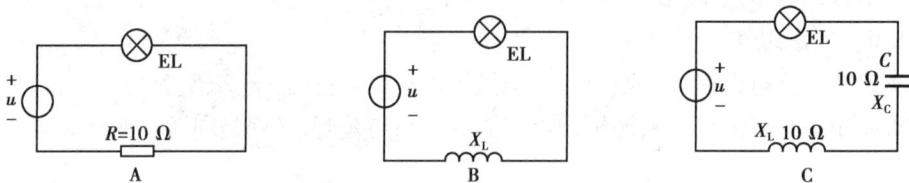

图 4-9

    A.A 图　　　　　　　B.B 图　　　　　　　C.C 图　　　　　　　D.无法确定

5.将 100 W/220 V 的白炽灯分别接到 220 V 的交、直流电源上,其发光效果是（　　）。

    A.接在直流电源上比接到交流电源上亮

    B.接到交、直流电源上一样亮

    C.接到交流电源上比接到直流电源上亮

    D.无法确定

6.在 RC 串联电路中,下列表达式正确的是（　　）。

    A.$S = P + Q$　　　B.$Z = R + X_C$　　　C.$U = \sqrt{U_R^2 + U_C^2}$　　　D.$U = U_R + U_C$

7.纯电阻上消耗的功率与（　　）成正比。

    A.电阻两端的电压　　　　　　　　　　　B.电阻两端电压的平方

    C.通过电阻的电流　　　　　　　　　　　D.通电的时间

8.视在功率(即总功率)的单位是（　　）。

    A.Var　　　　　　　B.W　　　　　　　　C.V·A　　　　　　　D.A

9.两个同频率正弦交流电的相位差等于 π 时,它们的相位关系是（　　）。

    A.同相　　　　　　　B.反相　　　　　　　C.相等　　　　　　　D.无法确定

10.已知交流电路中,某元件的阻抗与频率成反比,则元件是(   )。

    A.电阻   B.电感   C.电容   D.电源

11.如图 4-10 所示电路中,若正弦交流电压的有效值保持不变,而频率由高变低时,各灯亮度的变化规律是(   )。

    A.各灯亮度都不变   B.H_1 不变,H_2 变暗,H_3 变亮

    C.H_1 不变,H_2 变亮,H_3 变暗   D.H_1 变暗,H_2 不变,H_3 变亮

12.在图 4-11 中,u_1 与 u_2 的关系是(   )。

    A.u_1 比 u_2 超前 30°   B.u_1 比 u_2 超前 75°

    C.u_1 比 u_2 滞后 45°   D.u_1 比 u_2 滞后 75°

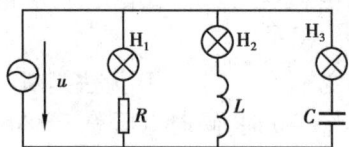
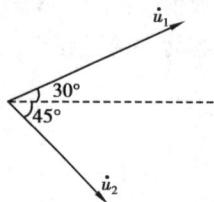

图 4-10   图 4-11

13.已知正弦交流电压为 $u = 311 \sin\left(314t + \dfrac{\pi}{6}\right)$ V ,它的有效值、频率和初相位是(   )。

    A.$U = 311$ V,$f = -100$ Hz,$\varphi = \dfrac{\pi}{6}$ B.$U = 220$ V,$f = 50$ Hz,$\varphi = \dfrac{\pi}{6}$

    C.$U = 311$ V,$f = 50$ Hz,$\varphi = -\dfrac{\pi}{6}$ D.$U = 220$ V,$f = 100$ Hz,$\varphi = -\dfrac{\pi}{6}$

14.如图 4-12 所示,电路的属性为(   )。

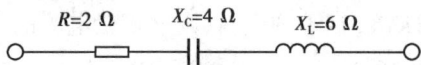

图 4-12

    A.阻性   B.感性   C.容性   D.都不是

15.在 RLC 串联电路中,总电压与总电流的相位差为 30°,此时电路呈(   )性。

    A.电感   B.电容   C.电阻   D.无法确定

16.已知电感线圈通过 50 Hz 的电流时,感抗 X_L 为 100 Ω,u_L 与 i 相位差为 90°,现通过 500 Hz 的电流,感抗 X_L 和电压与电流的相位差为(   )。

    A.100 Ω,45°   B.10 Ω,90°   C.10 Ω,45°   D.1 000 Ω,90°

17.已知通过 2 Ω 电阻的电流 $i = 6 \sin(314t + 45°)$ A,当 u, i 为关联方向时,$u = ($ $)$V。

    A.$12 \sin(314t + 30°)$ B.$12\sqrt{2} \sin(314t + 45°)$

    C.$12 \sin(314t + 45°)$ D.14.5

18.加在一个感抗是 20 Ω 的纯电感两端的电压是 $u = 10 \sin(\omega t + 30°)$ V，则通过它的电流瞬时值为（　　）A。

　　A.$i = 0.5 \sin(2\omega t - 30°)$　　　　　　　　B.$i = 0.5 \sin(\omega t - 60°)$

　　C.$i = 0.5 \sin(\omega t + 60°)$　　　　　　　　D.$i = 10 \sin(\omega t - 60°)$

19.RLC 串联电路中，总电压 $U = 10$ V，$U_R = 6$ V，$U_L = 4$ V，则该电路呈（　　）。

　　A.阻性　　　　　　B.感性　　　　　　C.容性　　　　　　D.无法确定

20.两个正弦交流电的解析式是 $i_1 = 10 \sin\left(314t + \dfrac{\pi}{6}\right)$ A，$i_2 = 10\sqrt{2} \sin\left(314t + \dfrac{\pi}{4}\right)$ A，这两个式中两个交流电流相同的量是（　　）。

　　A.有效值　　　　　B.最大值　　　　　C.周期　　　　　　D.初相位

21.在电容元件的正弦交流电路中，电压有效值保持不变，当频率增大时，电路中电流将（　　）。

　　A.增大　　　　　　B.减小　　　　　　C.不变　　　　　　D.无法判断

22.某正弦电压有效值为 380 V，频率为 50 Hz，当 $t = 0$ 时，瞬时电压等于 380 V，其瞬时值表达式为（　　）。

　　A.$u = 380 \sin 314t$ V　　　　　　　　　B.$u = 537 \sin(314t + 45°)$ V

　　C.$u = 380 \sin(314t + 90°)$ V　　　　　　D.$u = 380 \sin(314t + 45°)$ V

23.在 RL 串联电路中，$U_R = 16$ V，$U_L = 12$ V，则总电压为（　　）。

　　A.28 V　　　　　　B.20 V　　　　　　C.2 V　　　　　　　D.8 V

24.已知一台单相电动机，铭牌标注的功率为 30 kW，功率因数为 0.6，则这台电动机的视在功率为（　　）。

　　A.30 kW　　　　　B.4 kW　　　　　　C.50 kW　　　　　D.60 kW

25.在纯电感电路中，满足欧姆定律的关系式为（　　）。

　　A.$I = \dfrac{U_m}{X_L}$　　　　B.$I = UX_L$　　　　C.$I_m = \dfrac{U}{X_L}$　　　　D.$I = \dfrac{U}{X_L}$

26.某正弦电流 $i = 10\sqrt{2} \sin(314t + 30°)$ A，则该正弦电流的有效值 I 为（　　）。

　　A.5 A　　　　　　B.10 A　　　　　　C.$10\sqrt{2}$ A　　　　D.20 A

27.已知正弦电流 $i = 20 \sin(100t + 45°)$ A，其对应的电流有效值 I 为（　　）。

　　A.-10 A　　　　　B.10 A　　　　　　C.-20 A　　　　D.20 A

28.若某正弦电压 $u = 10 \sin(314t + 60°)$ V，则该电压的频率 f 为（　　）。

　　A.$\dfrac{1}{50}$ Hz　　　　B.50 Hz　　　　　C.60 Hz　　　　　D.314 Hz

29.电容元件在正弦电路中的容抗 X_C 为（　　）。

　　A.ωC　　　　　B.$\dfrac{C}{\omega}$　　　　　C.$\dfrac{\omega}{C}$　　　　　D.$\dfrac{1}{\omega C}$

30.电容量为 C 的电容接于频率为 f 的正弦交流电路中，其容抗 X_C 为（　　）。

　　A.$2\pi fC$　　　　　B.$\dfrac{1}{2\pi fC}$　　　　C.fC　　　　　D.$\dfrac{1}{fc}$

31.如图 4-13 所示为两个同频率的正弦交流电流,其相位关系为(　　)。

A.i_1 超前 i_2　　　B.i_1 滞后 i_2

C.i_1 和 i_2 同相　　D.i_1 和 i_2 反相

32.在纯电容正弦交流电路中,电容电压与电流的相位关系是(　　)。

A.电压滞后电流 90°

B.电压超前电流 90°

C.电压滞后电流 180°

D.电压超前电流 180°

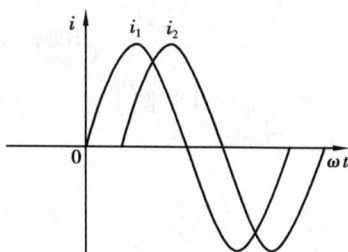

图 4-13

四、作图题

1.在 RLC 串联电路中,已知 $X_L > X_C$,现以电流为参考矢量,定性画出该电路的阻抗、电压和功率三角形。

2.如图 4-14 所示,请写出交流电流 i_1、i_2 的瞬时值表达式。

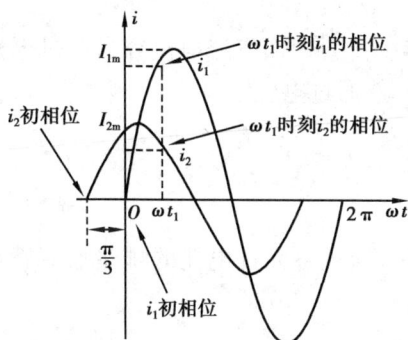

图 4-14

3.画出 RL 串联电路和 RLC 串联电路的电压三角形、阻抗三角形、功率三角形。

4.已知 $i_1 = 12\sqrt{2}\sin\left(100\pi t + \dfrac{2\pi}{3}\right)$ A，$i_2 = 4\sqrt{2}\sin\left(100\pi t + \dfrac{\pi}{6}\right)$ A，试画出它们的相量图，并利用旋转相量图求两电流之差 $i = i_1 - i_2$ 的瞬时值表达式。

5.已知 3 个正弦交流电的频率均为 50 Hz，且：①$U = 10$ V，$\varphi_{U0} = \dfrac{\pi}{3}$；②$I = 5$ A，i 和 u 的相位关系为 i 超前 u $\dfrac{\pi}{3}$；③$E_{\mathrm{m}} = 10$ V，e 和 i 的相位关系为 e 滞后 i $\dfrac{\pi}{2}$。写出 3 个函数的表达式，并在同一坐标轴上画出 3 个正弦交流电的波形图和相量图。

五、简答题

1.在直流电路中，频率、感抗、容抗分别为多少？为什么直流电流容易通过电感而不能通过电容？为什么高频电流容易通过电容而不能通过电感？

2.试比较，在纯电阻、纯电感和纯电容电路中，通过各元件电流的哪些数值满足欧姆定律？哪些又不满足欧姆定律？

3.什么是功率因数？提高功率因数有何意义？提高功率因数的一般方法有哪些？

六、计算题

1.已知电流和电压的瞬时值函数式为 $u = 317 \sin(\omega t - 160°)$ V，$i_1 = 10 \sin(\omega t - 45°)$ A，$i_2 = 4 \sin(\omega t + 70°)$ A 。试在保持相位差不变的条件下，将电压的初相角改为 0°，重新写出它们的瞬时值函数式。

2.已知有两个同频率的正弦交流电的波形图，如图 4-15 所示，试回答以下问题：

①当频率 $f = 50$ Hz 时，它们的周期、角频率各为多少？

②在波形图中，哪个超前，哪个滞后？它们之间相位差为多少？

③写出两个正弦交流电的瞬时值表达式。

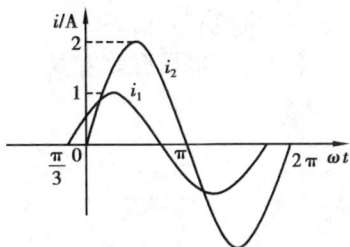

图 4-15

3.将一个 $L = \dfrac{1}{2\pi}$ H 的电感线圈（电阻忽略不计）接到 $u = 220\sqrt{2} \sin\left(314t + \dfrac{\pi}{3}\right)$ V 的交流电源上，求：①感抗 X_L；②通过电感线圈的电流瞬时值的表达式；③有功功率 P、无功功率 Q_L。

4.在 RLC 串联正弦交流电路中，已知电源电压有效值 $U = 10$ V，电阻 $R = 3$ Ω，电感感抗 $X_L = 5$ Ω，电容容抗 $X_C = 1$ Ω。求总阻抗 Z，电流有效值 I，有功功率 P。

5.在 RL 串联正弦交流电路中,已知电源电压有效值 $U = 10$ V,电阻 $R = 3$ Ω,电感感抗 $X_L = 4$ Ω,试求其总阻抗 Z,电流有效值 I,电阻电压有效值 U_R,电感电压有效值 U_L。

6.在 RC 串联正弦交流电路中,已知电路总阻抗 $Z = 10$ Ω,电容容抗 $X_L = 8$ Ω,电源有效值 $U = 20$ V。求:

(1)电阻值 R;

(2)电流有效值 I;

(3)电容电压有效值 U_C。

7.在 RL 串联正弦交流电路中,已知电阻 $R = 3$ Ω,电感 $L = 0.5$ H,电流 $i = 3\sqrt{2} \sin\left(8t + \dfrac{\pi}{3}\right)$ A。求:

(1)电感的感抗 X_L;

(2)电路的总阻抗 Z;

(3)电源电压的有效值 U。

8.已知两正弦交流电流分别为 $i_1(t) = 15\sqrt{2} \sin\left(10\pi t + \dfrac{\pi}{3}\right)$ A, $i_2(t) = 10\sqrt{2} \sin\left(10\pi t - \dfrac{2\pi}{3}\right)$ A。求:

(1)电流 $i_1(t)$ 的有效值;

(2)电流 $i_2(t)$ 的频率;

(3)电流 $i_1(t)$ 和电流 $i_2(t)$ 的相位差。

9. 在纯电容电路中,已知电容器的容抗 $X_c = 100$ Ω,电源电压 $u = 220\sqrt{2}\sin\left(314t-\dfrac{\pi}{3}\right)$ V。试求:

(1) 电容的电流有效值 I;

(2) 电流的瞬时值表达式 i;

(3) 电容的有功功率 P;

(4) 电容的无功功率 Q。

自我检测题

一、填空题

1. 正弦交流电的三要素是_____、_____、_____。

2. 正弦交流电压 $u = 110\sqrt{2}\sin\left(314t+\dfrac{\pi}{3}\right)$ V,则该电压的有效值是_____ V,振幅是_____,角频率是_____,周期是_____,频率是_____,初相是_____。

3. 在纯电阻电路中,其最大值、有效值、瞬时值均满足_____定律,电阻上电压与电流的相位_____,其有功功率 $P =$ _____,而无功功率 $Q =$ _____。

4. 在纯电阻交流电路中,电压与电流的相位关系是_____;在纯电感交流电路中,电压与电流的相位关系是电压_____电流90°;在纯电容电路中,电压与电流的相位关系是电压_____电流_____。

5. 电感线圈具有通_____流阻_____的特性,电容器具有通_____流阻_____流的特性。

6. 在 RLC 串联电路中,电感线圈放出的能量被_____以_____能的形式储存在电容器中,电容器放出的能量被_____以_____能的形式储存在线圈中。

7. 在 RLC 串联电路中,已知电流为 5 A,电阻为 30 Ω,感抗为 40 Ω,容抗为 80 Ω,那么电路的阻抗为_____,该电路为_____性电路。电路中吸收的有功功率为_____,吸收的无功功率为_____。

8. 两个同频率正弦量反相时,其相位差为_____。

二、判断题

1. 正弦交流电的三要素为瞬时值、角频率、相位。　　　　　　　　（　　）

2. $u_1 = 10 \sin\left(\omega t + \dfrac{\pi}{3}\right)$ V，$u_2 = \sin\left(\omega t + \dfrac{2\pi}{3}\right)$ V，则 u_1，u_2 相位关系为 u_1 超前 u_2。

（　　）

3. 电阻与电容串联，流过电容器的电流超前于流过电阻上的电流 90°。（　　）

4. 用交流电压表测得交流电的数值是指有效值。（　　）

5. 电阻元件上电压、电流的初相一定都是零，所以他们同相。（　　）

6. RLC 串联电路端电压与电流的相位关系是由 R、L、C 的大小决定。（　　）

7. 耐压为 220 V 的电容器可以接到 220 V 的交流电路中。（　　）

8. 在交流电路中，电压与电流的相位差为 0，该电路呈阻性电路。（　　）

9. 在纯电阻、纯电容、纯电感电路中，最大值、有效值、瞬时值均满足欧姆定律。

（　　）

10. 电器铭牌上所标出的电压、电流均为有效值。（　　）

三、选择题

1. 两个同频率正弦交流电的相位差等于 180° 时，它们相位关系是（　　）。

　　A.同相　　　　　　B.反相　　　　　　C.相等　　　　　　D.正交

2. 正弦交流电的最大值等于有效值的（　　）倍。

　　A.$\sqrt{2}$　　　　　　B.2　　　　　　C.1/2　　　　　　D.1

3. 白炽灯的额定工作电压为 220 V，它允许承受的最大电压为（　　）。

　　A.220 V　　　　　B.311 V　　　　　C.380 V　　　　　D.$u(t) = 220\sqrt{2}\,\sin 314$ V

4. 在纯电感电路中，电流应为（　　）。

　　A.$i = \dfrac{U}{X_L}$　　　　B.$I = \dfrac{U}{L}$　　　　C.$I = \dfrac{U}{\omega L}$　　　　D.$I = \dfrac{U}{R}$

5. 若电路中某元件的端电压为 $u = 5 \sin(314t + 35°)$ V，电流 $i = 2 \sin(314t + 125°)$ A，u、i 为关联方向，则该元件是（　　）。

　　A.电阻　　　　　　B.电感　　　　　　C.电容　　　　　　D.任何元件均可

6. 通常所说的 380 V 的动力电为（　　）。

　　A.瞬时值　　　　　B.有效值　　　　　C.最大值　　　　　D.不清楚

7. 电压 u 的初相角 $\varphi_u = 30°$，电流 i 的初相角 $\varphi_i = -30°$，电压 u 与电流 i 的相位关系应为（　　）。

　　A.同相　　　　　　　　　　　　B.反相

　　C.电压超前电流 60°　　　　　　D.电压滞后电流 60°

8. 如图 4-16 所示电路的属性是（　　）。

　　A.阻性　　　　　　B.感性　　　　　　C.容性　　　　　　D.都不是

9.假如矢量图如图 4-17 所示,电路呈(　　　)。

　　A.阻性　　　　　　B.感性　　　　　　C.容性　　　　　　D.无法判断

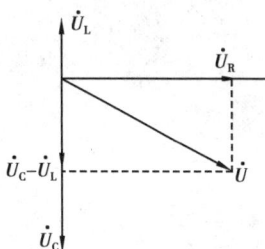

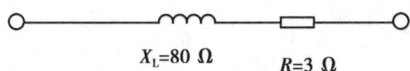

$X_L=80\ \Omega$　　　$R=3\ \Omega$

图 4-16　　　　　　　　　　　　　　　　　图 4-17

10.提高供电路的功率因数,下列说法正确的是(　　　)。

　　A.减少了用电设备中无用的无功功率

　　B.减少了用电设备的有功功率,提高了电源设备的容量

　　C.可以节省电能

　　D.可提高电源设备的利用率并减小输电线路中的功率损耗

四、作图题

1.已知 $u_1=220\sqrt{2}\ \sin(\omega t+60°)$ V,试作 u_1 的电压波形图。

2.$u_1=220\sqrt{2}\ \sin\left(314t-\dfrac{\pi}{3}\right)$ V,$u_2=110\sqrt{2}\ \sin\left(314t+\dfrac{\pi}{6}\right)$ V,作出 u_1、u_2 的波形图和相量图,并说明 u_1、u_2 的相位关系。

五、简答题

1.电阻、感抗、容抗对交流电的阻碍作用有何不同?

2.解释：最大值、有效值、平均值，并指出它们之间存在什么关系。

六、计算题

1.把一个电阻为 10 Ω，电感为 10 mH 的线圈接到 $u=110\sqrt{2}\ \sin(314t+30°)$ V 的交流电源上，求：(1)线圈中电流的大小；(2)写出电流的瞬时值表达式。

2.一个电感线圈的电阻 $R=15$ Ω，电感量 $L=100$ mH，与一个容量 $C=20$ μF 的电容器组成 RLC 串联电路，接于 $u=220\sqrt{2}\ \sin\left(100\pi t-\dfrac{\pi}{3}\right)$ V 的交流电源上。试求：

(1)感抗 X_L、容抗 X_C 和阻抗 Z。
(2)电流的有效值及电流瞬时值表达式。
(3)有功功率 P、无功功率 Q、视在功率 S 和功率因数。

第五章 三相正弦交流电路

学习目标

(1)了解三相对称电源及相序的概念;

(2)理解三相四线制对称电源的特点和中性线的作用;

(3)掌握三相正弦交流电源的连接方法;

(4)理解相电压和线电压的概念;

(5)了解我国电力系统的供电体制;

(6)掌握对称三相负载星形、三角形连接时电压、电流和电功率的计算。

知识要点

一、三相交流电源及其连接

1.三相正弦交流电源

①三相正弦交流电是由三相交流发电机产生的,三相交流发电机主要由定子和转子两大部分组成。

②在三相对称的交流电源中,把振幅相等、频率相同且在相位上彼此相差120°的3个电动势称为三相电动势。

③三相正弦交流电源中,电动势瞬时值的数学表达式为:

第一相(U 相)电动势 $e_1 = E_m \sin \omega t$

第二相(V 相)电动势 $e_2 = E_m \sin \left(\omega t - \dfrac{2\pi}{3} \right)$

第三相(W 相)电动势 $e_3 = E_m \sin \left(\omega t + \dfrac{2\pi}{3} \right)$

④三相对称电动势瞬时值的代数和等于零,有效值的矢量和等于零。

⑤三相电动势达到最大值(振幅)的先后次序称为相序。相序是一个十分重要的概念,在配电盘上,用黄色标出 U 相,用绿色标出 V 相,用红色标出 W 相。

小技巧

记忆口诀

电压电流电动势,三相交流有规定:

振幅相位均相同,波形变化按正弦。

相位互差120°,随着时间周期变。

三相相序不能混,黄绿红色守规定。

2.三相正弦交流电源的连接

三相电源有星形(Y形)接法和三角形(△形)接法两种。

(1)三角形(△形)接法

将发电机三相绕组的每一相作为三角形的一个边的接法称为三角形接法。从每一个顶点各引出一根输出电线,这就是"三相三线制供电",此时线电压就是相电压。

(2)星形(Y形)接法

将三相发电机三相绕组的3个末端连接在一点的公共连接点N称为中点,从中点引出的导线称为中性线(俗称零线);3个首端分别与外电路相线(俗称火线)的接法称为星形接法。此时,输出电压有两种:相电压 220 V 和线电压 380 V,线电压等于相电压的 $\sqrt{3}$ 倍。由于星形接法有这一优点,发电机基本上都采用此接法。

小技巧

记忆口诀

Y接三尾连一点,连点称为中性点。

三首引出三相线,中点引出中性线。

相线俗称为火线,中性线俗称零线。

线电压与相电压,线相压比根号3。

中性线作用很重要,不装保险或开关。

3.我国电力系统的供电体制

我国的供电体制可分为3种:三相三线制、三相四线制、三相五线制。目前我国以三相四线制这种供电体制为主。

二、三相负载的连接

1.三相负载的星形连接

①三相负载的一端分别接3根相线,另一端接在一起再接电源的中性线,这种连接方式称为三相负载的星形(Y形)连接。负载中的线电压是相电压的 $\sqrt{3}$ 倍,负载的相电流等于线电流。

②当三相负载不对称时,相电流和线电流就不对称,中性线中就有电流通过,这时中性线就不能省去,只能接成三相四线制,在三相四线制供电系统中规定,中性线上不允许安装保险丝和开关,以保证安全用电。

③当三相负载对称(即各相负载完全相同)时,中性线的电流为零,可去掉中性线,即成三相三线制。

2.三相负载的三角形连接

①把三相负载分别接到三相交流电源的每根相线之间,这种连接方法称为三角形接法。

②负载做△形连接时只能形成"三相三线制"电路。当三相负载三角形连接时,无论负载是否对称,负载两端电压(相电压)等于电源线电压,即 $U_{\triangle V} = U_I$。

当三相负载对称时:

线电流是相电流的$\sqrt{3}$倍,即 $I_{\triangle I} = \sqrt{3} I_{\triangle \varphi}$。

线电流的相位比相应的相电流滞后$\dfrac{\pi}{6}$。

各相负载的阻抗角相等。

三、对称三相电路功率的计算

(1)三相负载的有功功率等于各相有功功率之和:
$$P = P_1 + P_2 + P_3$$

(2)对称三相电路中的总功率为
$$P = 3U_P I_P \cos \varphi = \sqrt{3} U_L I_L \cos \varphi$$

(3)三相电路的视在功率为
$$S = 3U_P I_P = \sqrt{3} U_L I_L$$

(4)三相电路的无功功率为
$$Q = 3U_P I_P \sin g\varphi = \sqrt{3} U_L I_L \sin \varphi$$

(5)三相电路的功率因数为
$$\cos \varphi = \frac{P}{S} = \frac{R}{Z}$$

解题示例

例5-1 有一对称的三相负载,每相电阻 $R = 6\ \Omega$,感抗 $X_L = 8\ \Omega$,电源线电压为380 V,接成三角形接法后,试求总功率各为多少。

【分析】 已知线电压,只要求出线电流和阻抗角大小,再根据 $P = \sqrt{3} U_L I_L \cos \varphi$,即可求出总功率的大小。

解: $U_P = U_L = 380\ V$

$Z = \sqrt{R^2 + X_L^2} = \sqrt{(6\ \Omega)^2 + (8\ \Omega)^2} = 10\ \Omega$

$$\cos \varphi = \frac{R}{Z} = \frac{6\ \Omega}{10\ \Omega} = 0.6$$

$$I_P = \frac{U_P}{Z} = \frac{380\ V}{10\ \Omega} = 38\ A$$

$$I_L = \sqrt{3}\,I_P = \sqrt{3} \times 38\ A \approx 66\ A$$

$$P = \sqrt{3}\,U_L I_L \cos\varphi = \sqrt{3} \times 380\ V \times 66\ A \times 0.6 \approx 26\ kW$$

答:总功率为 26 kW。

例 5-2　已知某三相对称负载在线电压为 380 V 的三相电源中,其中 $R_{相} = 6\ \Omega$, $X_{相} = 8\ \Omega$,请分别计算该负载三角形连接和星形连接时的相电流、线电流及有功功率,并作比较。

【分析】　抓住题目中"三相对称负载"是解答本题的关键。当三相负载对称时,即各相负载完全相同,相电流和线电流也一定对称。三角形连接时,线电流等于相电流的 $\sqrt{3}$ 倍。

三相负载在三角形连接和星形连接时,应根据△、Y 连接时不同的相电流、线电流及有功功率来求解。在实际应用时,应按照设备规定的连接方式进行接线,否则会影响设备正常工作,甚至损坏设备。

解:(1)负载作星形连接时

$$Z_{相} = \sqrt{R_{相}^2 + X_{相}^2} = \sqrt{(6\ \Omega)^2 + (8\ \Omega)^2} = 10\ \Omega$$

$$U_{Y\,相} = \frac{U_{线}}{\sqrt{3}} = \frac{380\ V}{\sqrt{3}} = 220\ V$$

$$I_{Y\,相} = \frac{U_{Y\,相}}{Z_{Y\,相}} = \frac{220\ V}{10\ \Omega} = 22\ A = I_{Y\,线}$$

则, $\cos\varphi = \dfrac{R_{相}}{Z_{相}} = \dfrac{6\ \Omega}{8\ \Omega} = 0.6$

所以 $P_Y = 3U_{相}I_{相}\cos\varphi = 3 \times 220\ V \times 22\ A \times 0.6 = 8.7\ kW$

(2)负载作三角形连接时

因为 $U_{\triangle\,相} = U_{线} = 380\ V$,则

$$I_{\triangle\,相} = \frac{U_{\triangle\,相}}{Z_{相}} = \frac{380\ V}{10\ \Omega} = 38\ A$$

$$I_{\triangle\,线} = \sqrt{3}\,I_{\triangle\,相} = \sqrt{3} \times 38\ A = 66\ A$$

$$P_{\triangle} = 3U_{\triangle\,相}I_{\triangle\,相}\cos\varphi = 3 \times 380\ V \times 38\ A \times 0.6 = 26\ kW$$

(3)两种连接方式比较:

$$\frac{I_{\triangle\,相}}{I_{Y\,相}} = \frac{38\ A}{22\ A} = \sqrt{3}$$

$$\frac{I_{\triangle\,线}}{I_{Y\,线}} = \frac{66\ A}{22\ A} = 3$$

$$\frac{P_{\triangle}}{P_{Y}} = \frac{26 \text{ kW}}{8.7 \text{ kW}} \approx 3$$

课堂练习题

一、填空题

1.在三相四线制电源中,星形连接时,线电压和相电压的大小关系为_____。

2.已知对称三相四线制中,U 相电压瞬时值表达式为 $u_{U} = 120 \sin\left(100\pi t - \frac{\pi}{4}\right)$ V ,则 $u_{V} = $_____ , $u_{W} = $_____。

3.三相负载在作Y连接或是三角形连接时,应根据负载的_____电压和电源电压的额定值而定,务必使每相负载所承受的电压等于其_____。对线电压为 380 V的三相电源来说,绕组额定电压为220 V的三相电动机应该采用_____连接。

4.在三相四线制低压配电线路中,接到动力开关上的是_____线,它们之间的电压为_____电压,大小是_____ V,接到照明电路上的是_____线和_____线,它们之间的电压为_____电压,大小为_____ V。

5.三相交流电依次达到最大值的先后顺序称为_____,习惯上对称三相电源的相序为_____。

6.在三相不对称负载的星形连接中,中性线的作用是使_____成为_____的回路,使三相负载电压对称,确保电路安全工作。因此,中性线上不允许安装_____和_____。

7.三相交流电源是 3 个_____、_____、_____的单相交流电源按一定方式的组合。

8.三相电路中的三相负载可分为_____三相负载和_____三相负载。

9.在对称三相电源作用下,流过三相对称负载的各相电流大小_____,各相电流的相位差为_____。对称三相负载作星形连接时的中性线电流为_____。

10.三相对称负载的定义是:_____相等、_____相等、_____、_____相同。

11.三相对称负载连成三角形接于线电压为 380 V 的三相电源上,若 U 相电源线因故发生断路,则 U 相负载的电压为_____ V,V 相负载的电压为_____ V,W 相负载的电压为_____ V。

12.三相对称负载连成三角形,接到线电压为 380 V 的电源上。有功功率为 5.28 kW,功率因数为 0.8,则负载的相电流为____ A,线电流为____ A。

13.三相感应电动势的方向是由三相绕组的____端指向____端。

14.如图 5-1 所示,U、V、W 是三相交流发电机中 3 个线圈的始端,N 是 3 个线圈的末端,E、F、G 是 3 个相同的负载,照明电路中的 3 个白炽灯也相同。那么,E、F、G 中某个负载两端的电压与某个白炽灯两端的电压之比是_____,若电流表 A_1 的读数是 I_1,A_2 的读数是 I_2,通过负载 E、F、G 的电流是_____,A_3 的读数是_____。

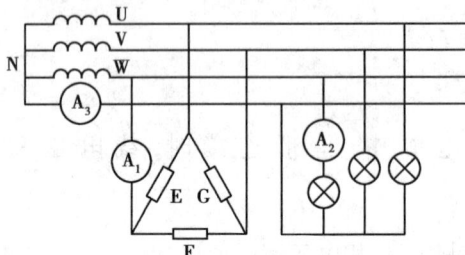

图 5-1

二、判断题

1.在三相三线制星形连接电路中,其中一相负载改变,对其他两相无影响。　　　（　　）

2.只要负载作星形连接,中性线电流一定等于 0。　　　　　　　　　　　　（　　）

3.三相负载的相电流就是指电源相线上的电流。　　　　　　　　　　　　（　　）

4.三相电源的线电压与三相负载的连接方式无关,所以线电流的大小也与三相负载的连接方式无关。　　　　　　　　　　　　　　　　　　　　　　　　　　　（　　）

5.三相交流电源是由频率、振幅、相位都相同的三个单相交流电源按一定方式组合起来的。　　　　　　　　　　　　　　　　　　　　　　　　　　　　　　　　（　　）

6.额定电压为 220 V 的三相电机线圈绕组在 380 V 三相交流电路中只能接成星形。
　　　　　　　　　　　　　　　　　　　　　　　　　　　　　　　　　　（　　）

7.在三相四线制供电网络中,中性线上可以安装保险丝和开关。　　　　　　（　　）

8.三相负载作星形连接时必须有中性线。　　　　　　　　　　　　　　　　（　　）

9.在相同的对称三相正弦交流电源作用下,相同对称三相负载分别作三角形连接和星形连接,其两种情况下的总有功功率相等。　　　　　　　　　　　　　　　　（　　）

10.对称三相电动势为最大值相等、频率相同、初相位彼此相差 120° 的三相电动势。
　　　　　　　　　　　　　　　　　　　　　　　　　　　　　　　　　　（　　）

三、单项选择题

1.中性线断了对电路工作有影响的是(　　　)。

　　A.星形负载有中性线的电路　　　　　　B.星形连接对称有中性线电路

　　C.三角形负载电路　　　　　　　　　　D.星形负载无中性线电路

2.在三相交流星形连接电路中,能省去中性线的是(　　　)。

　　A.对称负载　　　　　　　　　　　　　B.不对称负载

C.使用中性线可变动的负载　　　　　　D.都不是

3.在三相四线制中,线电压 U_L 与相电压 U_φ 的关系应该满足(　　　)。

A.$U_L = \sqrt{3} U_\varphi$,相位差 $\dfrac{2\pi}{3}$　　　　　　B.$U_L = \sqrt{3} U_\varphi$,U_L 超前 U_φ $\dfrac{\pi}{3}$

C.$U_L = \sqrt{3} U_\varphi$,U_L 超前 U_φ $\dfrac{2\pi}{3}$　　　　D.$U_L = U_\varphi$,U_L 与 U_φ 同相

4.三相负载对称,各相阻抗均为 100 Ω,三角形连接,三相四线制电源的相电压为 220 V,下列叙述正确的是(　　　)。

A.通过各相负载的相电流为 2.2 A

B.负载两端电压为 380 V,线电流为 3.8 A

C.负载两端电压为 220 V,线电流为 $2.2\sqrt{3}$ A

D.负载两端电压为 380 V,线电流为 $3.8\sqrt{3}$ A

5.动力供电线路中,采用星形连接三相四线制供电,交流电频率为 50 Hz,相电压为 380 V,则(　　　)。

A.线电压的最大值为 380 V　　　　　　B.线电压为相电压的 $\sqrt{3}$ 倍

C.相电压的瞬时值为 220 V　　　　　　D.交流电的周期为 0.2 s

6.在三相电路中,必须要有中性线的电路是(　　　)。

A.三相电动机供电电路　　　　　　　　B.三相变压器供电电路

C.三相照明电路　　　　　　　　　　　D.三相电阻炉

7.下列有关对称三相负载的描述,正确的是(　　　)。

A.各相负载的电阻、电容分别相等

B.各相负载的电阻、电感分别相等

C.各相负载的阻抗相等

D.各相负载的阻抗相等,性质相同,但相位差 $\dfrac{2\pi}{3}$

8.三相额定电压为 220 V 的电热丝接到线电压为 380 V 的三相电源上,最佳的连接方法是(　　　)。

A.三角形连接　　　　　　　　　　　　B.星形连接并在中性线上装熔断器

C.三角形连接、星形连接都可以　　　　D.星形连接无中性线

9.如果改变一相负载,对另两相均无影响的三相电路是(　　　)。

A.星形连接三相四线制电路　　　　　　B.星形连接三相三线制电路

C.三角形连接三相四线制电路　　　　　D.都不对

10.对称负载作三角形连接时,线电压 $U_L = 220\sqrt{3}$ V,相电压 U_φ 为(　　　)。

A.475 V　　　　　B.220 V　　　　　C.$220\sqrt{3}$ V　　　　　D.$660\sqrt{3}$ V

11.在同一个电源下,某三相负载作星形连接时,总功率是 1 200 W,那么,该负载作三

角形连接时,总功率是(　　　)。

  A.3 600 W   B.2 400 W   C.1 200 W   D.400 W

  12.有一个三相电动机,绕组额定电压为 380 V,在线电压为 380 V 的三相电源中,应该采用的连接方式为(　　　)。

  A.三角形   B.星形   C.既可以连接成星形也可以连接成三角形

  13.在三相四线制供电系统中,若三相电阻负载对称,且相电压 $U_P = 220$ V,相电流 $I_P = 1$ A,则该三相电路的总有功功率 P 为(　　　)。

  A.220 W   B.220   C.330 W   D.660 W

  14.相电压 $U = 220$ V 的三相对称电源作星形连接时,其线电压 U 为(　　　)。

  A.220 V   B.$220\sqrt{2}$ V   C.330 V   D.$220\sqrt{3}$ V

  15.某三相三线制正弦交流电路中,对称负载作三角形连接,每相电流为 10 A,则各线电流为(　　　)。

  A.10 A   B.$10\sqrt{2}$ A   C.$10\sqrt{3}$ A   D.30 A

  16.三相交流电源作星形连接时,线电压有效值 U_L 与相电压有效值 U_p 之间的关系是(　　　)。

  A.$U_L = U_P$ B.$U_L = U_P$ C.$U_L = U_P$ D.$U_L = U_P$

  17.某星形连接三相电炉,$R_U = R_V = R_W = 22$ Ω,当接到线电压 $U_L = 220$ V 的对称三相电源上时,其每相相电流 I(　　　)。

  A.10 A   B.$10\sqrt{3}$ A   C.30 A   D.$30\sqrt{3}$ A

  18.对称三相交流电源中三个电动势的相位彼此相差(　　　)。

  A.30°   B.60°   C.90°   D.120°

四、作图题

  1.380 V 三相四线制供电网络中,电动机 A 每相绕组工作电压为 380 V,电机 B 每相绕组工作电压为 220 V,在如图 5-2 所示电路中,试在 A、B 接线板和供电网络中画出接线图。

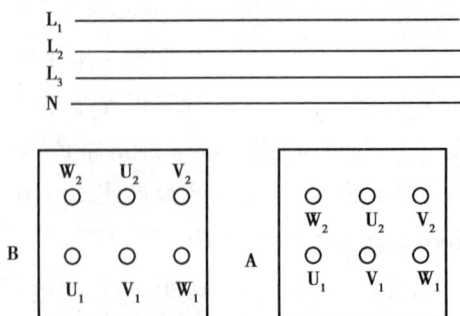

图 5-2

2.如图 5-3 所示负载的连接方式 a 是（　　　）形，b 是（　　　）形，c 是（　　　）形，d 是（　　　）形。

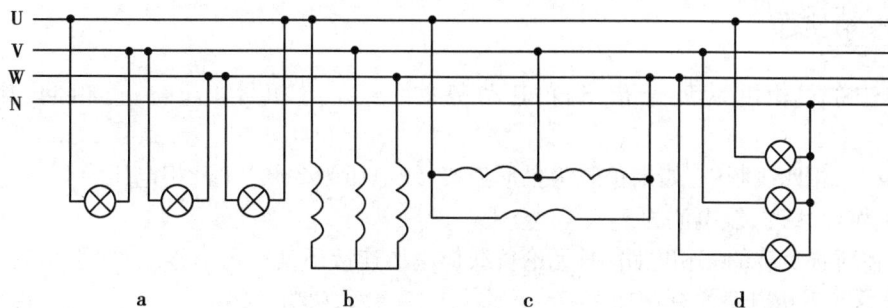

图 5-3

3.已知对称三相电动势相序为 L_1-L_2-L_3，其中 $e_1 = 380 \sin\left(100\pi t - \dfrac{\pi}{3}\right)$ V，试画出这三相电动势的最大值旋转相量图。

五、计算题

如图 5-4 所示三相交流电源，已知电源 $U_L = 380$ V，每相负载 $R = 80$ Ω，$X_L = 60$ Ω，求：

①负载的相电流 I_φ 和线电流 I_L。

②功率因数 $\cos\varphi$。

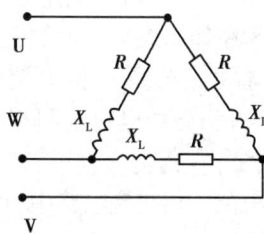

图 5-4

自我检测题

一、填空题

1.对称三相电动势是指 3 个电动势的_____相等,_____相同,相位互差_____。

2.在三相四线制中,如果负载为星形连接,线电压为 380 V 时,相电压为_____,当相电流为 10 A 时,线电流为_____。

3.在对称负载的三相电路中,无论负载作星形连接还是三角形连接,可用相电压和相电流表示其三相电路的有功功率 $P = $ _____,无功功率 $Q = $ _____,视在功率 $S = $ _____;用线电压和线电流表示其三相电路的有功功率 $P = $ _____,无功功率 $Q = $ _____,视在功率 $S = $ _____。

4.不对称星形负载的三相电路,中性线电流不为零,且中性线不许安装_____和_____。通常还要把中性线_____,以保障安全。

5.在三相四线制中,线电压是相电压的____倍,线电流是相电流的____倍,线电压与相电压的相位关系是_____。

6.如果对称三相交流电路的 U 相电压 $u_U = 220\sqrt{2}\sin(314t + 30°)$ V,那么其余两相电压分别为:$u_V = $ _____ V,$u_W = $ _____ V。

7.某三相异步电动机,定子每相绕组的等效电阻为 8 Ω,等效阻抗为 6 Ω,现将此电动机连成三角形接于线电压为 380 V 的三相电源上。则每相绕组的相电压为____ V,相电流为____ A,线电流为____ A。

8.在如图 5-5 所示的三相电源的矢量图中直接可以看出,在同一相电路中,线电压超前于相电压____度;各相电压之间相位差____度;线电压是相电压的____倍。

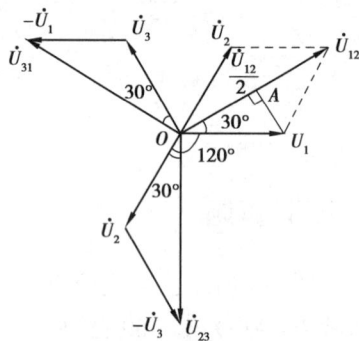

图 5-5

9.在三相交流电路中,负载的连接方法有两种,即_____和_____。负载作星形连接时,$U_{Y\varphi} = $ ____ U_{YL},$I_{YL} = I_{Y\varphi}$。如果三相负载对称,那么中性线电流 $I_N = $ _____。负载作三角形连接时,$U_{\triangle\varphi} = U_{\triangle L}$,$I_{\triangle L} = $ ____ $I_{\triangle\varphi}$。

二、判断题

1.三相电动机的电源线可以用三相三线制,而三相照明电路必须采用三相四线制。

( )

2.同一对称三相负载在同一电源作用下,Y 形连接的相电流是△形连接相电流的 3 倍。

( )

3.在星形连接中,三相负载越接近对称,中性线电流越大。 ( )

4.在同一个电源作用下,负载作三角形连接时的相电压是负载作星形连接时相电压的 $\sqrt{3}$ 倍。 （　　）

5.当负载的额定电压等于电源的线电压时,三相负载应该连接成星形。 （　　）

6.在三相四线制供电系统中,中性线上不能安装保险丝和开关。 （　　）

7.一台电动机,每个绕组的额定电压是 220 V,现三相电源的线电压是 380 V,则这台电动机绕组应连接成星形。 （　　）

8.三相异步电动机和三相变压器都是三相电路中的对称负载。 （　　）

9.在同一个电源作用下,同一负载作三角形连接和作星形连接时的总功率相等。 （　　）

10.在三相四线制电路中,无论负载是否对称,负载的相电压都是对称的。 （　　）

三、单项选择题

1.一台三相电动机,每相绕组的额定电压为 220 V,对称三相电源的线电压为 380 V,则三相绕组应采用（　　）。

A.星形连接,不接中性线 　　　　　　B.星形连接,必须接中性线

C.三角形连接 　　　　　　　　　　　D.以上都可以

2.若要求三相负载的各相互不影响,负载应接成（　　）。

A.三角形 　　　　　　　　　　　　　B.星形有中性线

C.星形无中性线 　　　　　　　　　　D.三角形或星形有中性线

3.对称三相负载的正确描述是（　　）。

A.各相负载的电阻、电容分别相等 　　B.各相负载的电阻、电感分别相等

C.各相负载的阻抗相等 　　　　　　　D.各相负载的阻抗相等,性质相同

4.两个正弦交流电电流的解析式是 $i_1 = 10 \sin\left(314t + \dfrac{\pi}{6}\right)$ A, $i_2 = 10\sqrt{2} \sin\left(100\pi t + \dfrac{\pi}{4}\right)$ A,在这两个解析式中,两个交流电流相同的量是（　　）。

A.最大值 　　　B.有效值 　　　C.周期 　　　D.初相位

5.在一次暴风雨后,在同一变压器供电系统中,某栋楼房的电灯首先突然变得比平时亮了很多然后损坏,其他楼房的电灯比平时暗淡了许多。发生这种事情的原因是（　　）。

A.供电变压器被雷击坏 　　　　　　　B.中性线被大风吹断

C.发电厂输出电压不对称 　　　　　　D.无法确定

6.3 盏规格相同的白炽灯按图 5-6 所示接在三相交流电路中都能正常发光,现将 S_3 断开,则 EL_1、EL_2 将（　　）。

A.烧毁其中一个或都烧毁

B.不受影响,仍正常发光

C.都略微增亮些

D.都略微变暗些

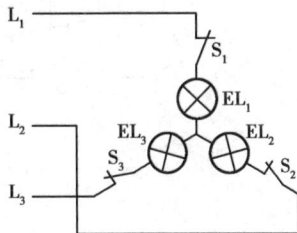

图 5-6

7.当三相负载越接近对称时,中性线电流(　　)。

　　A.越大　　　　　　B.越小　　　　　　C.为零　　　　　　D.不变

8.在同一个电源下,某三相负载作三角形连接时,线电流是 9 A,那么,该负载作星形连接时,线电流是(　　)。

　　A.9 A　　　　　　B.18 A　　　　　　C.27 A　　　　　　D.3 A

9.对称三相电动势是指(　　)的三相电动势。

　　A.最大值相等、频率相同、相位相同

　　B.最大值相等、频率相同、相位彼此相差$\dfrac{\pi}{3}$

　　C.最大值相等、频率相同、相位彼此相差$\dfrac{2\pi}{3}$

　　D.最大值不相等、频率不相同、相位不相同

10.在某三相电路中,已知负载对称,相电压为 220 V,相电流为 10 A,功率因数cos φ = 0.5,三相负载的总有功功率为(　　)W。

　　A.3 300　　　　　　B.6 600　　　　　　C.1 100$\sqrt{3}$　　　　　　D.1 100

四、作图题

1.如图 5-7 中有 380 V 三相四线制供电网络,A 组负载的相电压均为 220 V,B 组负载的相电压均 380 V,应将 A、B 两组负载怎样连接,才能让它们正常工作?

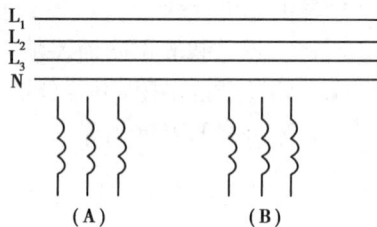

图 5-7

2.如图 5-8 所示,请将(a)组的 3 个电阻负载连接成三相三线制供电方式的星形连接;(b)组的 3 个电感性负载连接成三相三线制供电方式的星形连接;(c)组的 3 只灯泡连接成三相四线制供电方式的星形连接。

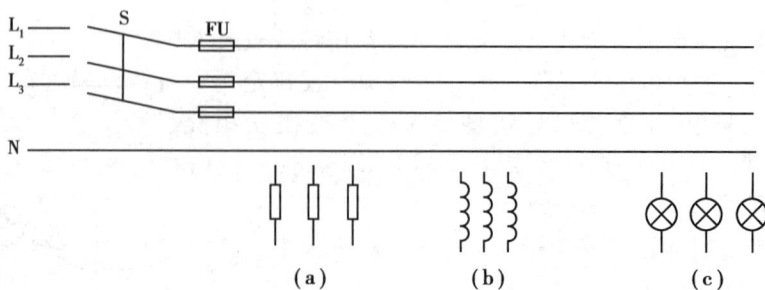

图 5-8

五、简答题

1.负载作星形连接时,什么情况下用三相三线制,什么情况下用三相四线制?

2.在三相四线制供电系统中,中性线的作用是什么? 中性线上安装保险丝能不能起到"保险"作用?

六、计算题

1.有一对称三相负载,每相电阻 $R=8\ \Omega$,感抗 $X_L=6\ \Omega$,接到线电压为 380 V 的三相电源上。分别求星形连接负载的相电压、相电流、线电流及总功率。

2.三相对称负载作三角形连接,每相 $R=6\ \Omega$,电感 $L=25.5\ \text{mH}$,把它们接到 $f=50\ \text{Hz}$,线电压 $U_L=380\ \text{V}$ 的三相电源上,求流过每相负载的电流及总的平均功率。

第六章　安全用电

学习目标

（1）理解保护接地原理,掌握保护接地的方法;

（2）理解保护接零原理,掌握保护接零的方法;

（3）了解电气安全操作规程及其要求;

（4）掌握触电的现场急救措施,了解口对口人工呼吸法和胸外心脏按压法要领。

知识要点

一、接地保护

1.低压配电系统的接地方式

低压配电系统的接地有 IT 供电系统、TT 供电系统和 TN 供电系统。其中 TN 系统又分为 TN-C 系统、TN-S 系统、TN-C-S 系统。

TN 系统——电源变压器中性点接地,电气设备外露部分与中性线相连。

TT 系统——电源变压器中性点接地,电气设备外壳采用保护接地。

IT 系统——电源变压器中性点不接地(或通过高阻抗接地),而电气设备外壳采用保护接地。

低压配电系统接地方式的第一个字母表示电力系统供电端(配电变压器的)中性线对地关系(T 表示直接接地,I 表示不接地或高阻接地),第二个字母表示负载设备外壳的接地保护方式(T 表示直接接地,N 表示接零线)。

2.接地保护的类型

接地保护可分为保护接地和保护接零两种方式。这两种保护方式的保护原理不同,适用范围不同,线路结构不同。保护接地与保护接零的相同点与不同点见表 6-1。

表 6-1 保护接地与保护接零的比较

比 较		保护接地	保护接零
相同点		①都属于用来保护电气设备金属外壳带电而采取的保护措施; ②适用的电气设备基本相同; ③都要求有一个良好的接地或接零装置	
不同点	适用场合不同	适用于中性点不接地的低压供电系统	适用于中性点接地的低压供用电系统
	线路连接不同	接地线直接与接地系统相连	接零线则直接与电网的中性线连接,再通过中性线接地
	接地方法不同	保护接地要求每个电器都要接地	只要求三相四线制系统的中性点接地
	经济性不同	采用保护接地的 TT 供电系统时,要求保护接地电阻小于 4 Ω,也就是每台设备都要求一定数量的钢材打入地下,费工费材料	采用保护接零的 TN 供电系统时,敷设的零线可以多次周转使用,省工、省料,故接零保护从经济上都是合理的

注意:同一用电设备不能同时采用保护接零和保护接地。

3.保护接地

保护接地就是将电气设备的金属外壳与大地相连,以防止电气设备因绝缘损坏而使其外壳带电时,导致工作人员接触设备外壳而触电。

IT 供电系统和 TT 供电系统都采用了保护接地的方式。

4.保护接零

保护接零就是将电气设备的金属外壳连接到供电系统的零线 N 上,当绝缘损坏或碰壳等原因造成相线与设备的金属外壳短路时,产生强大的短路电流,使电路上的保护装置迅速动作,从而切断电源起到保护作用。

TN 供电系统就是采用保护接零的系统。

二、触电急救

1.常用的急救措施有口对口人工呼吸法和胸外心脏按压法。

①口对口人工呼吸法适用于触电者呼吸停止,但心脏仍在跳动的触电者;胸外心脏按压法适用于心脏停止跳动的触电者。

②若触电者呼吸停止且心脏停止跳动,可采用口对口人工呼吸法和胸外心脏按压法进行双重施救。双重施救法可分为双人施救法和单人施救法。

2.口对口人工呼吸法

口对口人工呼吸法是用人工方法使气体有节律地进入肺部,再排出体外,使触电者获得氧气,排出二氧化碳,人为地维持呼吸功能。

> **小技巧**
>
> 　　　　口对口人工呼吸法操作要领
> 　伤员仰卧平地上,解开领扣松衣裳。
> 　张口捏鼻手抬颌,贴嘴吹气看胸张。
> 　张口困难吹鼻孔,五秒一次吹正常。
> 　吹气多少看对象,大人小孩要适量。

采用口对口人工呼吸法的技术要点有两个:

①操作者在触电者腰旁侧,一手抬高触电者下颌,使其口张开。用另一只手捏住触电者的鼻子,保证吹气时不漏气。如果不捏住触电者的鼻子,吹的气就会从鼻孔出来,影响吹气效果。

②掌握好吹气速度,对成人是吹气 2 s,停 3 s,5 s 一个循环。成年人每分钟 12 ~ 16 次,对儿童是每分钟吹气 18 ~ 24 次。若触电者嘴不能掰开,可进行口对鼻吹气。方法同上,只是要用一只手封住嘴,以免漏气。

3.胸外心脏按压法

胸外心脏按压法是帮助触电者恢复心脏跳动的最有效方法。

> **小技巧**
>
> 　　　　胸外心脏按压法操作要领
> 　病人仰卧硬板床,通畅气道有保障。
> 　手沿肋弓找切迹,掌跟靠在食指上。
> 　两手上下要重叠,垂直压向脊柱上。
> 　上下按压四厘米,两肩垂直冲击量。
> 　用力按压心收缩,迅速放松心舒张。
> 　一秒一次较适宜,节奏均匀力适当。
> 　颈动脉搏能触及,按压效果才够上。

课堂练习题

一、填空题

1.为了安全,用电器的金属外壳必须妥善_____或_____。

2.当人体接触没有保护接地措施的漏电电器金属外壳时,漏电电流将通过_____流入大地。

3.按照安全用电要求,保护接地装置的接地电阻原则上在_____Ω。

4.由于保护接地需要有一套可靠的接地装置,对于不具备条件的家庭和规模小的单位,在安全用电上,一般都采用_____措施。

5.如果触电者呼吸微弱、心脏停搏,应该采用的方法是_____法和_____法。

6.在 TT 供电系统中,第一个"T"表示_____,第二个"T"表示_____,在 TN 供电系统中,"N"表示_____。

7.在 IT、TT、TN-C、TN-S 等几种供电系统中,采用三相五线制供电的是_____。

二、判断题

1.IT 供电系统可以采用三相四线制供电。　　　　　　　　　　　　　　(　　)

2.如果触电者呼吸和心跳均无,施救者只有一人在场,只能采取口对口人工呼吸法或胸外心脏按压法交替进行施救。　　　　　　　　　　　　　　(　　)

3.如果发现触电者眼皮会动、有吞咽动作时,即可停止抢救。　　　　(　　)

4.由于保护接地需要有一套可靠的接地装置,对于不具备条件的家庭和规模小的单位,在安全用电上,一般都采用保护接零措施。　　　　　　　　　　(　　)

5.判断触电者是否还有心跳,可用手指探测颈动脉是否还有搏动。　　(　　)

6.保护接零适用于中性点不接地的系统。　　　　　　　　　　　　　　(　　)

7.救护人可以用双手缠上围巾拉住触电人的衣服,把触电人拉开带电体。(　　)

8.保护接零是指电气设备的金属外壳与大地做可靠的电气连接。　　　(　　)

三、选择题

1.采用保护接地和保护接零措施的主要目的是(　　)。
A.既保护人身安全又保护设备安全　　　　B.保护人身安全
C.保护电气线路安全　　　　　　　　　　D.保护电气设备安全

2.做胸外心脏压挤法时,压挤的着力部位是(　　)。
A.十指,压挤触电者腹部　　　　　　　　B.手掌,压挤触电者胸部
C.掌跟,压挤触电者胸骨以下横向 1/2 处　D.手掌全部着力,推压胸腹部

3.下列(　　)的连接方式称为保护接地。
A.将电气设备外壳与中性线相连　　　　　B.将电气设备外壳与接地装置相连
C.将电气设备外壳与其中一条相线相连　　D.将电气设备的中性线与接地线相连

4.触电急救时,胸外按压要均匀速度进行,一般为每分钟(　　)次左右。
A.50　　　　　　B.60　　　　　　C.80　　　　　　D.100

四、简答题

1.什么是保护接地? 什么是保护接零?

2.什么是 TN 供电系统？

3.口对口人工呼吸的操作要点是什么？

4.胸外心脏按压法的要点是什么？

模拟考试题一

（完成时间:90 min,满分:100分）

一、填空题(每空 1 分,共 25 分)

1.电荷的定向移动形成_____。

2.大小和方向都不随时间变化的电流称为_____;大小随时间变化,但方向不随时间变化的电流称为_____;大小和方向都随时间变化的电流称为_____。

3.电源是把其他形式的能转换成_____的装置。

4.将电阻为 16 Ω 的均匀导体对折起来后,接到电源电压为 4 V 的电路中(电源内阻不计),此时流过导体的电流为_____ A。

5.电源的电动势 $E = 2$ V,当电路闭合时,负载两端的电压为 1.8 V,电源内电压 $U_内 =$ _____;当电路断开时,电源两端的电压 $U_外 =$ _____,电源内电压 $U_内 =$ _____。

6.负载电路从电源获得最大的输出功率的条件是_____,此时负载获得的最大功率 $P =$ _____,但此时电源的效率为_____。

7.串联电阻常用于_____、_____和扩大_____量程。

8.两只 50 μF、300 V 的电容器,串联后等效电容为_____ μF,耐压为_____ V,并联后等效电容为_____ μF,耐压为_____ V。

9.磁体和载流导线的周围存在着_____,磁极之间的相互作用或磁体对载流导线的作用都是通过_____完成的。

10.正弦交流电的三要素是_____、_____、_____。

11.在正弦交流电中,最大值是有效值的_____倍。

二、判断题(每小题 2 分,共 20 分)

1.如果发现有人触电的情况,应让触电者尽快脱离电源。　　　　　(　)

2.温度升高电阻值变大的电阻称为正温度系数电路,简称PTC。　　(　)

3.导体的长度和截面积都增大一倍,其电阻值也增大一倍。　　　(　)

4.几个电阻并联后的总阻值一定小于其中任一个电阻的阻值。　　(　)

5.交流电的最大值是在热效应方面与直流量相等的值。　　　　　(　)

6.在纯电阻电路中,因电阻是耗能元件,故其无功功率为0,功率因素为1。(　)

7.电容器具有隔直流、通交流的作用。　　　　　　　　　　　　(　)

8.保护接零适用于中性点不接地的系统。　　　　　　　　　　　(　)

9.在串联谐振电路中,电压与电流同相,电路的性质为电阻性,电路中的电流最大。

（　　　）

10.无功功率即无用的功率。 （　　　）

三、选择题（每小题 2 分,共 20 分）

1.电位和电压是不同的两个概念,因此在同一电路中(　　　)。

A.电位与参考点的选择有关,但任意两点间的电压与参考点的选择无关

B.电位和电压与参考点的选择有关

C.电位和电压与参考点的选择无关

D.电位不同,电压也不同

2.3 只阻值均为 $R = 4\ \Omega$ 的电阻,可以组成具有不同阻值的电路连接方式有(　　　)。

A.1 种　　　　　B.2 种　　　　　C.3 种　　　　　D.4 种

3.灯泡 A 为 6 V/12 W,灯泡 B 为 12 V/12 W,灯泡 C 为 9 V/12 W,它们在各自额定电压下工作,则(　　　)。

A.灯泡 B 最亮　　B.3 个灯一样亮　　C.3 个灯电流相同　　D.3 个灯电阻相同

4.一个电容器两端的电压为 40 V,它所带的电量是 0.4 C,若把它两端的电压降到 20 V,则(　　　)。

A.电容器的电容量降低一半　　　　　B.电容器的电容量保持不变

C.电容器所带电荷量增加一倍　　　　D.电容器电荷量不变

5.磁感线的方向规定为(　　　)。

A.始于 S 极,止于 N 极　　　　　　　B.始于 N 极,止于 S 极

C.磁体内部由 N 极指向 S 极,磁体外部由 S 极指向 N 极

D.磁体内部由 S 极指向 N 极,磁体外部由 N 极指向 S 极

6.在图 1 中,当一个电子按图示方向进入匀强磁场中,则电子会(　　　)。

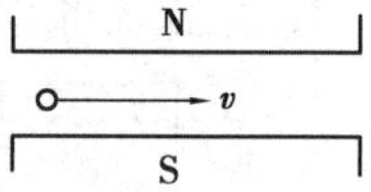

A.向上偏转　　　　　　　　　　B.向下偏转

C.垂直纸面向外偏转　　　　　　D.不产生偏转

图 1

7.电流 $i_1 = 3 \sin\left(628t - \dfrac{\pi}{3}\right)$ 与 $i_2 = 10 \sin\left(628t + \dfrac{\pi}{4}\right)$ 比较,i_2 与 i_1 相位(　　　)。

A.超前 $\dfrac{7\pi}{12}$　　　　B.滞后 $\dfrac{7\pi}{12}$　　　　C.超前 $\dfrac{\pi}{12}$　　　　D.滞后 $\dfrac{\pi}{12}$

8.下列说法错误的是(　　　)。

A.通过线圈中的磁通发生变化时,线圈会产生感应电动势

B.通过线圈中的磁通越大,线圈所产生的感应电动势越大

C.通过线圈中的磁通变化越大,线圈所产生的感应电动势越大

D.法拉第电磁感应定律不能判断感应电动势的方向

9.在图 2 电路中,当开关 S 断开和闭合时,a、b 两点间的电阻 R_{ab} 和 c、b 两点间的电压 U_{cb} 为(   )

    A.40 Ω、15 V;30 Ω、10 V

    B.20 Ω、30 V;30 Ω、30 V

    C.40 Ω、30 V;30 Ω、15 V

    D.15 Ω、30 V;40 Ω、10 V

10.图 3 为某交流电路总电流与总电压的相量图,可确定该电路是(   )。

    A.感性电路   B.容性电路   C.阻性电路   D.纯电容电路

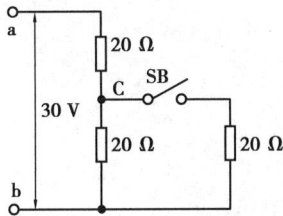

图 2

图 3

四、作图题(每小题 5 分,共 10 分)

1.判断并作出图 4 中感应电流的方向。

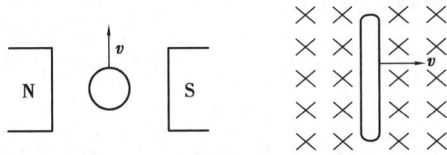

图 4

2.如图 5 所示,请将(a)组的 3 个电阻负载连接成三相三线制供电方式的三角形连接;(b)组的 3 个电感性负载连接成三相三线制供电方式的星形连接;(c)组的 3 个电阻负载连接成三相四线制供电方式的星形连接。

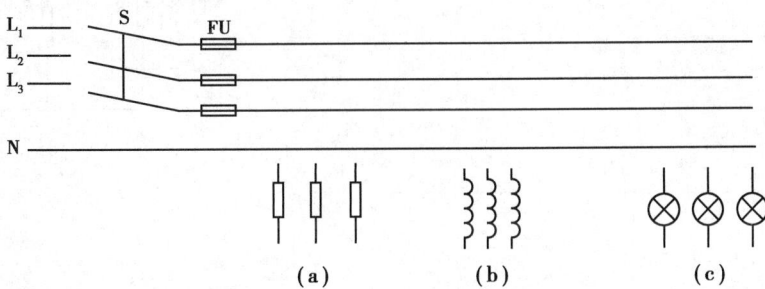

图 5

五、简答题(每小题 5 分,共 10 分)

1.把电压表接到电源的两端,可以近似测得电源的电动势,为什么? 而电流表接到电源的两端,能不能测量电源的电流,为什么?

2.楞次定律告诉我们,感应电流产生的磁通总是阻碍原磁通的变化,这是不是说感应电流产生的磁通总是与原磁通方向相反?

六、计算题(1 小题 7 分,2 小题 8 分,共 15 分)

1.已知对称三相四线制电源中,L_2 相的电动势瞬时值表达式为 $e_{L2} = 380\sqrt{2}\sin\left(100\pi t + \dfrac{\pi}{3}\right)$ V。完成下列问题:

(1)按照习惯相序写出 e_{L1}、e_{L3} 的瞬时值表达式。
(2)作出 e_{L1}、e_{L2}、e_{L3} 的旋转矢量图。

2.如图 6 所示,$E_1 = 6$ V,$E_2 = 1$ V,$R_1 = 1$ Ω,$R_2 = 2$ Ω,$R_3 = 3$ Ω,求各支路电流。

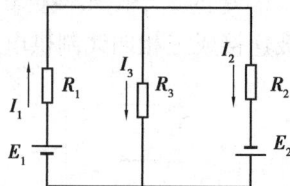

图 6

模拟考试题二

（完成时间：90 min，满分：100 分）

一、填空题（每空 1 分，共 25 分）

1.电击是指_____直接流过人体造成对人体的伤害。

2.金属导体内自由电子定向移动的方向与所规定的电流方向_____。

3.有一横截面积为 4 mm² 的导线，每小时通过的电量为 900 C，通过导线的电流是_____ A。

4.电压是衡量_____做功的物理量，电动势是衡量_____做功的物理量。

5.一根长 10 m 横截面积为 10 mm² 的铜导线，它的电阻是_____，若将它均匀拉长为原来的 3 倍，拉长后的电阻应是_____。

6.焦耳楞次定律的内容是电源通过电阻时产生的热量与电流的_____成比，与导体的_____成正比，用公式表示为_____，只适用于_____。

7.如图 1 所示用伏安法测电阻时，电流表计数为 1 A，电压表读数为 6 V，电流表的内阻为 1 Ω，则 $R =$_____ 。

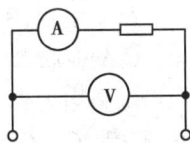

图 1

8.一个电容器两端的电压为 100 V，电容器上所带的电量为 0.1 C，该电容器的容量为_____；当它的两端电压加倍时，该电容器容量是_____。

9.电流的磁场方向用_____判定，通电直导线中，电流越强，磁场_____；越靠近直导线，磁感线就越_____，即磁场越强。

10.判断载流直导线在磁场中所受作用力的方向用_____定则，导体受力的大小，$F =$_____。

11.我国电网的频率是_____，角频率是_____。

12.两个同频率的正弦交流电，同相时，其相位差为_____；反相时，其相位差为_____，正交时，其相位差为_____。

二、判断题（每小题 2 分，总分 20 分）

1.一次性电池包括干电池、镍氢电池、锂电池。   （   ）

2.电位是相对的，它的大小与参考点的选择无关。   （   ）

3.在相同时间内，通过的电荷越多，电流也就越大。   （   ）

4.在电阻分流电路中，电阻值越大，流过它的电流也就越大。   （   ）

5.磁路总是闭合的，但电路可以断开。   （   ）

6.用左手定则判定正电荷所受的洛伦兹力方向时,左手四指指的运动的相反方向。

（　　）

7.在纯电感电路中有功功率为0,功率因素为0。（　　）

8.在串联谐振电路中,感抗与容抗相等且都为0。（　　）

9.RLC 串联电路端电压与电流的相位关系是由 L、C、R 决定的。（　　）

10.在三相三线制交流电机控制电路中,只要交换其中的两相顺序,电动机将实现反转。

（　　）

三、选择题（每小题2分,共20分）

1.一条均匀电阻丝对折后,接到原来电路中,在相同时间里产生的热量是原来的（　　）倍。

    A.1/2　　　　　　　　B.1/4　　　　　　　　C.2　　　　　　　　D.4

2.电池内阻为 0.2 Ω,电源端电压为 1.4 V,电路的电流为 0.5 A,则电池电动势和负载电阻为（　　）。

    A.1.5 V　2.8 Ω　　　B.1 V　2.5 Ω　　　C.1.5 V　2 Ω　　　D.1 V　2.8 Ω

3.如图 2 所示,当开关由断开变为闭合后,灯泡 A 和灯泡 B 的亮度分别为（　　）。

    A.A 不变,B 变暗　　　　　B.A 不变,B 不变

    C.A 变暗,B 变亮　　　　　D.A 变亮,B 变暗

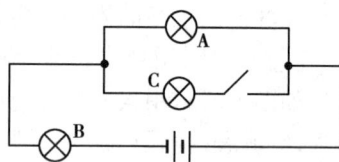

图 2

4.两只电容器 C_1 和 C_2 串联,已知 $C_1 = 2C_2$,当加上电压后,C_1、C_2 两极板间的电压 U_1、U_2 的关系是（　　）。

    A.$U_1 = U_2$　　　　B.$U_1 = 2U_2$　　　　C.$U_2 = 2U_1$　　　　D.不能确定

5.关于电容器的充放电实验现象,下列说法不正确的是（　　）。

    A.充电开始的瞬间,电容器端电压为零,充电电流最大

    B.充电开始的瞬间,电容器端电压等于电源电压,充电电流为零

    C.充电结束时,电容器端电压等于电源电压,充电电流为零

    D.电容器的电容量越大,充电的速度越快

6.如图 3 所示,两根平直导轨 AB、CD 置于匀强磁场中,B、C 分别接检流计的正负接线柱,若金属导体 EF 在平行导轨上无摩擦地向左滑动,则检流计的指针（　　）。

    A.正偏　　　　　　　　　　B.反偏

    C.不动　　　　　　　　　　D.左右摆动

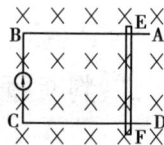

图 3

7.发生电磁感应现象时,一定是（　　）。

    A.感应电动势和感应电流同时存在　　　B.有感应电动势存在

    C.只有感应电流存在　　　　　　　　　D.都不存在

8.两只电容器,已知 $C_2 > C_1$,将它们并联起来充电结束后,C_1 和 C_2 两端的电压和带电

情况是(　　)。

A.$Q_1 > Q_2, U_1 = U_2$　　　B.$Q_1 < Q_2, U_1 = U_2$　　　C.$Q_1 = Q_2, U_1 < U_2$　　　D.$Q_1 = Q_2, U_1 > U_2$

9.已知正弦交流电 $u = 100 \sin(\omega t + 60°)$ V,电流 $i = 20 \sin(\omega t + 45°)$ A,则 u 的相位差比 i 超前(　　)。

A.$-15°$　　　　　　B.$15°$　　　　　　C.$105°$　　　　　　D.不能确定

10.已知某正弦交流电 $t = 0$ 时,瞬时值 $i = 1$,初相 $\phi = 30°$,则电流有效值(　　)。

A.1 A　　　　　　B.2 A　　　　　　C.0.707 A　　　　　　D.1.414 A

四、作图题(每小题 5 分,共 10 分)

1.如图 4 所示,当穿过线圈 L_1 的磁通慢慢增大时,在图中标出 L_1、L_2、L_3 中的电流方向。

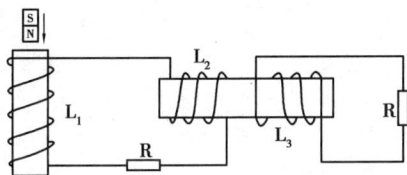

图 4

2.已知 $u_1 = 220\sqrt{2} \sin(\omega t + 60°)$ V, $u_2 = 220\sqrt{2} \cos(\omega t + 30°)$ V,试作 u_1 和 u_2 的相量图。

五、简答题(每小题 5 分,共 10 分)

1.电压和电动势的区别是什么?

2.根据公式 $C = \dfrac{Q}{U}$，能不能说明电容器的电容量 C 与 Q 成正比，与 U 成反比？为什么？

六、计算题（1 小题 7 分，2 小题 8 分，共 15 分）

1.有两只电容器 C_1 和 C_2，已知 $C_1 = 10\ \mu F$，耐压为 100 V，$C_2 = 20\ \mu F$，耐压为 100 V，它们串联后接于 150 V 直流电压中。试求：电路能正常工作吗？

2.一只电阻 $R = 30\ \Omega$，电感量 $L = 127\ mH$ 和一个电容量 $C = 40\ \mu F$ 的电容器串联后，接在 $u = 50\sqrt{2}\ \sin(314t + 30°)$ V 的电源上。
试求：①电路的感抗、容抗、总阻抗；
②电流的有效值和瞬时值表达式；
③电路的有功功率、无功功率、视在功率；
④电路的性质。

模拟考试题三

（完成时间：90 min，满分：100 分）

一、填空题（每空 1 分，共 25 分）

1.电流的主要单位是____，用符号____表示，常用的单位还有____和____，分别用____和____符号表示。

2.在电场中，电场力将正电荷由 a 点移动到参考点所做的功 W_a 与被移动电荷 q 电量的比值称为____，用公式_____表示。

3.根据物质导电能力的强弱，可以将物质分为_____、_____、_____ 3 类。

4.在某段导体中通过该导体的电流与该导体两端的电压成_____，与该导体电阻成_____，这个规律称为_____。

5.某灯泡上标有"220 V/40 W"，表明该灯泡在 220 V 电压下工作时，功率是____，灯丝的热态电阻等于_____。

6.并联电阻常用于扩大_____量程。

7.平行板电容器的电容与两极板的相对有效_____成正比，与两极板间的_____成反比，还与绝缘介质的_____有关。

8.磁感应强度 B 表示磁场中某一点磁场的强弱和磁场的_____。

9.磁场对载流矩形线圈要产生一个_____，其大小 M=_____。

10.纯电感元件对交流电的阻碍作用称为_____，其表达式为_____。

二、判断题（每小题 2 分，共 20 分）

1.电流在单位时间内所做的功称为电能。　　　　　　　　　　　（　　）

2.只有正电荷的定向移动才能形成电流。　　　　　　　　　　　（　　）

3.若选择不同的零电位点时，电路中各点的电位将发生变化，但电路中任意两点间的电压不变。　　　　　　　　　　　　　　　　　　　　　　（　　）

4.在串联分压电路中，电阻越大，其两端的电压就越高。　　　　（　　）

5.磁场中任一磁感应强度的方向，就是该点小磁针 N 极所指的方向。（　　）

6.导体切割磁感线可以产生感应电动势 e。　　　　　　　　　　（　　）

7.感性电路是指电压超前电流 $\dfrac{\pi}{2}$ 的电路。　　　　　　　　　（　　）

8.串联谐振电路又称为电压谐振电路。　　　　　　　　　　　　（　　）

9.负载作星形连接时，必须有中性线。　　　　　　　　　　　　（　　）

10.回路是指电路中任一闭合的路径。　　　　　　　　　　　　　（　　）

三、选择题（每小题2分，共20分）

1. 白炽灯的灯丝断后搭上再继续使用，灯会（   ）。

   A.暗   B.与未断前一样高   C.更亮   D.不亮

2. 将一根阻值为 R 的均匀导体截成等长的 4 段后合并使用，它的阻值为（   ）。

   A.$\dfrac{R}{16}$ B.$\dfrac{R}{2}$ C.$\dfrac{R}{4}$ D.$4R$

3. 衡量电源力做功本领大小的物理量是（   ）。

   A.电压   B.电位   C.电动势   D.电流

4. 将电容器 $C_1 = 20\ \mu F$，耐压 150 V，$C_2 = 10\ \mu F$，耐压 200 V 的两只电容器串联后，接到 360 V 的电源上，则（   ）。

   A.都不会被击穿   B.C_1 先被击穿，C_2 后被击穿

   C.C_2 先被击穿，C_1 后被击穿   D.C_1、C_2 同时被击穿

5. 如图 1 所示，当可变电阻的滑动触点向右滑动时，A 表和 V 表的读数变化趋势是（   ）。

   A.A、V 表都增大   B.A 表减小，V 表增大

   C.A 表增大，V 表减小   D.A、V 表都减小

6. 如图 2 所示，A 为不闭合的金属环，B 为闭合的金属环，当条形磁铁向左运动时，其现象为（   ）。

   A.A，B 环都向左运动   B.A，B 环都向右运动

   C.A 环不动，B 环向右运动   D.A 环不动，B 环向左运动

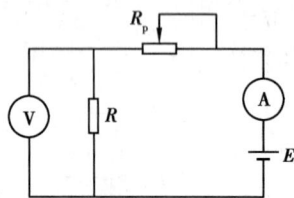   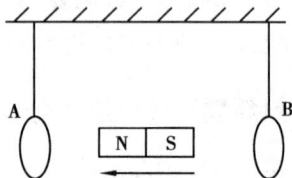

图1   图2

7. 灯泡 A 为"6 V，12 W"，灯泡 B 为"12 V，12 W"，灯泡 C 为"9 V，12 W"，它们在各自的额定电压下工作，则（   ）。

   A.灯泡 B 最亮   B.3 个灯一样亮

   C.3 个电流相等   D.3 个灯电阻相同

8. 附近发生高压线掉落地下时，应采取的措施是（   ）。

   A.快速大步跑开   B.双脚并拢跳开   C.原地不动   D.都不对

9. 已知 $R_1 > R_2$ 的两电阻并联接到相同电源上，消耗的电能（   ）。

   A.电阻大的 R_1 消耗电能多   B.电阻小的 R_2 消耗电能多

   C.R_1 与 R_2 消耗的电能一样多   D.因条件不全，无法判断

10.保护接零措施适用于( )。

A.高压供电系统　　　　　　　　　　　　B.380 V/220 V 三相四线制供电系统

C.所有供电系统都适用　　　　　　　　　D.都不对

四、作图题(每小题 5 分,共 10 分)

1.判断并作出图 3 中磁感线的方向。

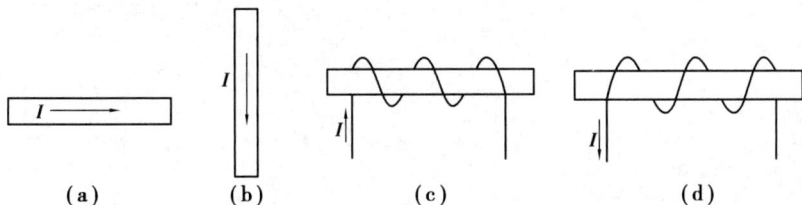

图 3

2.如图 4 所示 380 V 三相四线制供电网络中,A 组为不对称负载,B 组为对称负载,将 A 连接成星形,B 连接成三角形。

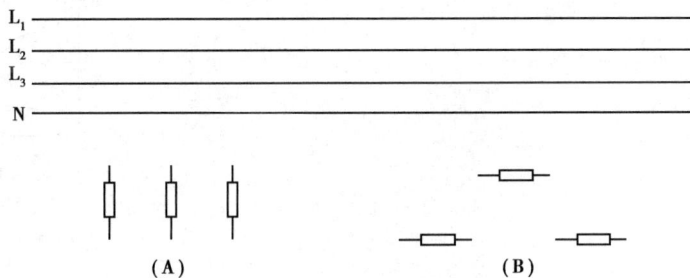

图 4

五、简答题(每小题 5 分,共 10 分)

1.简述电压和电位的异同点。

2.线电压为 380 V 的对称电源,现有一额定电压为 220 V 的三相电动机,若把这个电动机接成三角形,会出现什么后果? 若电动机的额定电压为 380 V,把它接成星形,又会出现什么情况? 请简单说明原因。

六、计算题(1 小题 5 分,2 小题 10 分,共 15 分)

1.一个"220 V/1 000 W"的电炉,接于 220 V 的单相交流电源上,设每天使用 2 h,每月按 30 天计,问一个月能用多少度电?

2.如图 5 所示电路中,已知 $E_1 = 30$ V,$E_2 = 10$ V,$E_3 = 20$ V,$R_1 = 5$ Ω,$R_2 = R_3 = 10$ Ω,试列出网孔回路电压方程和求出各支路电流。

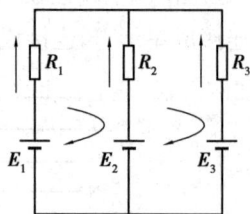

图 5

模拟考试题四

（完成时间：90 min，满分：100 分）

一、填空题（每空 1 分，共 25 分）

1. 电流的方向规定为_____定向运动的方向。

2. 已知 $U_{ab}=18$ V，当选择 a 点为参考点时，$V_a=$____，$V_b=$____；当选择 b 点为参考点时，$V_a=$____，$V_b=$____。

3. 已知铝的电阻率 $\rho=2.83\times10^{-8}\Omega\cdot m$，则长度为 1 m、横截面积为 1 m^2 的铝棒的电阻为_____ Ω。

4. 闭合电路中的电流与电源电动势成正比，与电路的总电阻成反比，这一规律称为_____。

5. 两只白炽灯，分别标有"220 V/40 W"和"110 V/60 W"字样，则两灯的电流之比是_____，若把它们分别接到 110 V 的电路中，它们的功率之比是_____，灯丝热态电阻之比是_____。

6. 如图 1 所示电路中，$R_2=R_4$，电压表 V_1 读数为 120 V，V_2 读数为 80 V，则 A 与 B 间的电压为_____。

7. 电容器的额定工作电压一般称为_____。接到交流电路中的，其额定工作电压_____交流电压的最大值。

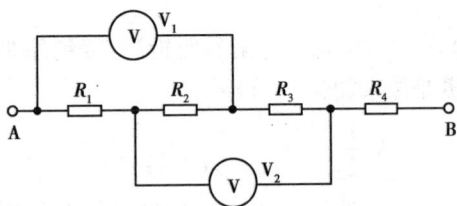

图 1

8. 匀强磁场中，磁感应强度 B 就是与磁场垂直的单位面积上的磁通，因此磁感应强度又称为_____。

9. 运动电荷在磁场中所受的作用力称为_____，方向用_____判断。

10. 日光灯中的镇流器是利用_____原理工作的。

11. 纯电容元件对交流电的阻碍作用称为_____，用_____表示，其表达式为_____，单位为_____。交流电频率越大，容抗越____；交流电频率越小，容抗越____。当交流电频率为 0 Hz（即直流电），容抗为____，电流无法通过电容器，因此电容器具有_____。

二、判断题（每小题 2 分，共 20 分）

1. 指针万用表电阻刻度线是不均匀的，指针越偏向右边所指示的电阻值越小。　　　　　　　　　　　　　　　　（　　）

115

2.电压、电位、电动势 3 个物理量的定义基本相同,单位相同都是伏特,因为它们都是同一个量的不同表示方法。　　　　　　　　　　　　　　　　　　　　　　　（　　）

3.电阻两端电压为 10 V 时,电阻值为 10 Ω;当电压升至 20 V,电阻值将为 20 Ω。
　　　　　　　　　　　　　　　　　　　　　　　　　　　　　　　　　（　　）

4.电流表的内阻越小,则测量结果更准确些。　　　　　　　　　　　　（　　）

5.磁感线总是从北极到南极,且互不相关。　　　　　　　　　　　　　（　　）

6.自感、互感总是有益的。　　　　　　　　　　　　　　　　　　　　（　　）

7.容性电路中电流的相位一定超前电压的相位。　　　　　　　　　　　（　　）

8.在公式 $e = -N\dfrac{\Delta\varphi}{\Delta t}$ 中,负号表示感应电流的磁场方向总是要阻碍原磁场的变化。
　　　　　　　　　　　　　　　　　　　　　　　　　　　　　　　　　（　　）

9.变压器、钳形电流表是互感原理的应用。　　　　　　　　　　　　　（　　）

10.在对称的三相负载电路中,中性线是不能省去的。　　　　　　　　（　　）

三、选择题（每小题 2 分,共 20 分）

1.标有"220 V/100 W"和"220 V/40 W"的两盏白炽灯,串接到 220 V 的交流电源上,它们的功率之比是（　　）。

　　A.2 : 5　　　　　　B.2.5 : 1　　　　　C.$\dfrac{1}{2}$: $\dfrac{1}{5}$　　　　　D.5 : 2

2.一条均匀电阻丝对折后,接到原来的电路中,在相同的时间里,电阻丝所产生的热量是原来的（　　）倍。

　　A.$\dfrac{1}{2}$　　　　　　B.$\dfrac{1}{4}$　　　　　　C.2　　　　　　　　D.4

3.如图 2 所示,该电路的等效电阻是（　　）。

　　A.2 Ω　　　　　　　　　　　　B.3 Ω

　　C.4 Ω　　　　　　　　　　　　D.6 Ω

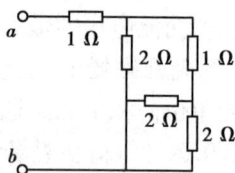

图 2

4.要扩大电压表的量程,应在表头线圈上（　　）。

　　A.并联电阻　　　　　　　　　　B 串联电阻

　　C.混联电阻　　　　　　　　　　D.串入整流管

5.两个同频率正弦交流电 i_1、i_2 的有效值分别为 40 A、30 A,当 i_1+i_2 的有效值为 50 A 时,则 i_1、i_2 的相位差是（　　）。

　　A.0°　　　　　　　B.180°　　　　　　C.45°　　　　　　　　D.90°

6.当三相负载越接近对称时,中线电流（　　）。

　　A.越大　　　　　　B.越小　　　　　　C.为零　　　　　　　D.不变

7.照明电路的连接方式（　　）。

　　A.并联　　　　　　B.串联　　　　　　C.混联　　　　　　D.以上方式都可以

8.已知 $U_{AB}=50$ V, $V_A=30$ V,则 V_B 为(　　)。

　　A.20 V　　　　　　　　　　　B.30 V

　　C.−20 V　　　　　　　　　　D.−30 V

9.如图 3 所示,磁场中的电荷按顺时针方向运行且轨迹为一个圆,此电荷为(　　)。

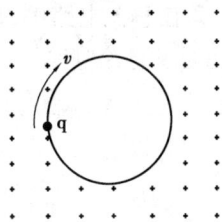

图 3

　　A.正电荷　　　　B.负电荷　　　　C.不能确定

10.磁场中某点的磁感应强度(　　)。

　　A.与放在该点的导体所受的力成正比,与导体的长度和电流的强度的乘积成正比

　　B.是磁场中该点的性质,与载流导体无关

　　C.与放在该点的导体所受的力成正比,与导体的运动速度成反比

　　D.与放在该点的导体所受力的余弦成正比,与导体的长度成反比

四、作图题(每小题 5 分,共 10 分)

1.在图 4 括号中标出感应电动势的正、负极,在方框中标出感应电流的方向。

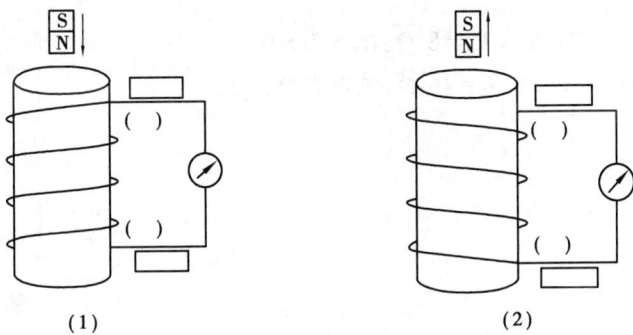

(1)　　　　　　　　　　　　　　(2)

图 4

2.已知 $I=8$ A, $f=50$ Hz, $\varphi_0=\dfrac{\pi}{3}$,画出该正弦交流电的波形图和矢量图。

五、简答题(每小题 5 分,共 10 分)

1.产生感应电流与产生感应电动势的条件有何区别?

2.在直流电路中,频率、感抗、容抗分别是多少? 为什么电感能通过直流电而电容器不能通过直流电?

六、计算题(每小题 5 分,共 15 分)

1.有一长为 0.6 m 的直导体,在磁感应强度 $B = 0.5$ T 的匀强磁场中与磁感线方向成 $30°$,且受到的磁场力为 1.5 N,求导体的电流强度的大小。

2.如图 5 所示,已知 $R_1 = R_2 = 8$ Ω,$R_3 = R_4 = 6$ Ω,$R_5 = R_6 = 4$ Ω,$R_7 = R_8 = 24$ Ω,$R_9 = 16$ Ω,试求电路总的等效电阻 R_{AB}。

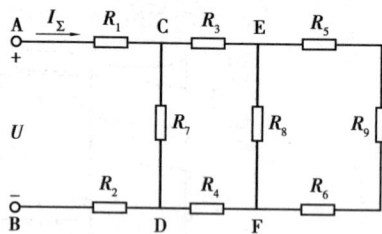

图 5

3.某一电源的短路电流为 1.5 A,若外电路的负载电阻为 4 Ω,电流强度为 0.5 A,求电源电动势和内阻。

模拟考试题五

（完成时间:90 min,满分:100分）

一、填空题(每空1分,共25分)

1.电路是由_____、_____、_____和_____4个部分组成。

2.通过某导线中的电流为1 A,10 s内通过导线横截面的电量是_____。

3.电压的正方向规定为从_____指向_____,电动势的正方向规定为从电源的_____指向电源的_____,两者的方向_____。

4.将电阻为8 Ω的导体均匀拉长为原来的2倍,此时电阻将变为_____Ω。

5.有一闭合电路,电源电动势$E=12$ V,其内阻$r=2$ Ω,负载电阻$R=22$ Ω,该电路中的电流为_____,负载两端的电压为_____,电源内阻上的电压为_____。

6.在电桥平衡中,电桥平衡时桥支路电流为_____,桥支路两端的电位为_____。电压为_____。

7.电容器上所标明的电容量的值称为_____,电容器在批量生产过程中,受到诸多因素的影响,电容值与_____容量之间总有一定的误差。

8.磁导率μ是衡量物质_____的物理量,磁导率远大于1的物质称为_____。

9.当磁场和导线(线圈)发生相对运动时,要发生_____现象,在导线(线圈)中要产生_____。

10.在纯电感电路中,其最大值、有效值均满足_____定律,电压和电流的相位关系为,电压_____电流$\frac{\pi}{2}$。

二、判断题(每小题2分,共20分)

1.用万用表测直流电流时,必须串入电路,红黑表笔分别接触电路的高、低电位点。
( )

2.导体电阻大小与加在导体两端的电压及通过导体的电流均有关系。 ( )

3."瓦"和"度"都是电功的单位。 ( )

4.电压表的内阻越大,则使测量结果更准确些。 ( )

5.并联电池组中,如果有一个电池的极性接反,将在电池组内形成环流,发生短路现象。
( )

6.两个正弦交流电的相位差即为它们的初相位之差。 ( )

7.在直流电路中,电容器视为短路、电感器视为开路。 ( )

8.感应电动势的方向可以用楞次定律或右手定则确定。 ( )

9.一般规定 48 V 以下的电压为安全电压。 （　　　）

10.电容器必须在电路中使用才有电量,故只有此时才会有容量。 （　　　）

三、选择题(每小题 2 分,共 20 分)

1.扑救电气火灾时,最适用的灭火器是(　　　)。

A.二氧化碳或干粉灭火器　　　　B.高压水枪

C.泡沫灭火器　　　　　　　　　D.都不是

2.有一简单的闭合回路,当外电阻增加 n 倍时,通过的电流减为原来的 2/3,则外电阻与电源内阻之比为(　　　)。

A.$2n : 3$　　　B.$1 : (2n-3)$　　　C.$(2n-1) : 1$　　　D.$(2n-3) : 3$

3.把阻值为 1 Ω 的电阻丝均匀拉长为原来的 2 倍后,接到电压为 4 V 的电路中,此时通过它的电流是(　　　)。

A.0.5 A　　　　B.1 A　　　　C.2 A　　　　D.4 A

4.单相电能表是用来测量(　　　)的电工仪表。

A.电功　　　B.电功率　　　C.电压　　　D.电流强度

5.已知 $R_1 > R_2$ 的电阻并联接到相同电源上,消耗的电能(　　　)。

A.电阻大的 R_1 消耗电能多　　　B.电阻小的 R_2 消耗电能多

C.R_1 与 R_2 消耗的电能一样多　　　D.因条件不全,无法判断

6.两根同种材料的电阻丝,长度之比为 1:2,横截面积之比为 2:3,则它们的电阻之比是(　　　)。

A.1 : 2　　　　B.2 : 3　　　　C.3 : 4　　　　D.4 : 5

7.一个电容量为 C 的电容器与一个电容量为 8 μF 的电容器并联,总电容为 C 的 3 倍,则电容量 C 为(　　　)。

A.2 μF　　　　B.6 μF　　　　C.4 μF　　　　D.8 μF

8.如图 1 所示,条形磁铁从空中落下并穿过空心线圈的过程中,检流计的指针指向电流流入的一端,下列说法正确的是(　　　)。

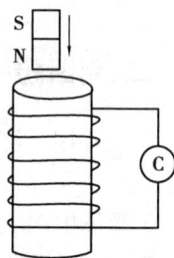

A.检流计的指针不发生偏转

B.检流计的指针偏向上端

C.检流计的指针偏向下端

D.检流计的指针先偏向下端,后偏向上端

9.某正弦交流电流的初相位为 $-45°$,在 $t = 0$ 时,其瞬时值将(　　　)。

图1

A.等于零　　　B.小于零　　　C.大于零　　　D.不能确定

10.三相电动机和照明电路的电源选用正确的供电线路是(　　　)。

A.都采用三相三线制

B.都采用三相四线制

C.三相电动机采用三相三线制,照明电路采用三相四线制

D.三相电动机采用三相四线制,照明电路采用三相三线制

四、作图题(每小题 5 分,共 10 分)

1.如图 2 所示,当 R_P 下滑时,指出铝环 A,小磁针北极,线圈 abcd 会怎样运动?

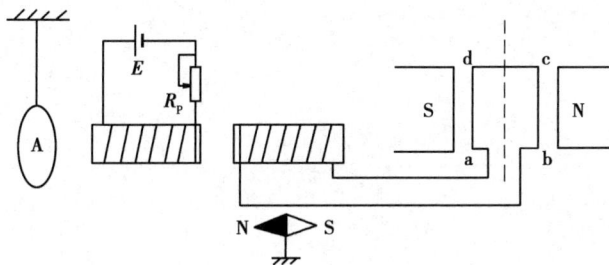

图 2

2.如图 3 所示电路中,线电压为 380 V 三相四线制供电网络中,电动机 A 每相绕组工作电压为 380 V,电动机 B 每相绕组工作电压为 220 V,试在 A、B 接线板和供电网络中画出接线图。

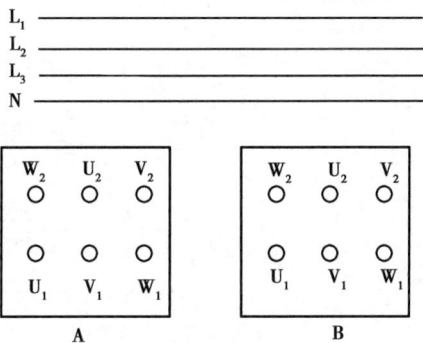

图 3

五、简答题(每小题 5 分,共 10 分)

1.什么是无功功率? 它是不是无用的? 为什么?

2.在三相四线制供电系统中,中性线的作用是什么?

六、计算题(第 1 题 7 分,第 2 题 8 分,共 15 分)

1.在某一闭合回路中,电源内阻 $r=0.2\ \Omega$,外电路的路端电压是 1.9 V,电路中的电流是 0.5 A,试求电源的电动势、外电阻及外电阻所消耗的功率。

2.两只电容器一只电容 $C_1=200\ \text{pF}$,耐压为 400 V;另一只电容 $C_2=300\ \text{pF}$,耐压为 300 V。求:

①串联后的等效电容和耐压值;

②并联后的等效电容和耐压值。

模拟考试题六

（完成时间:90 min,满分:100 分）

一、填空题(每小题 2 分,共 20 分)

1.万用表能够测量的基本物理量有_____(至少写出两种)。

2.人体触电的常见类型主要有_____(至少写出两种)。

3.电路由电源、_____、连接导线、控制和保护装置等电路设备组成。

4.一个"220 V/100 W"的灯泡正常发光 20 h 消耗的电能为_____J。

5.电源电动势 $E=9$ V,内阻 $r=0.5$ Ω,$R=4$ Ω,则电路中的电流 $I=$_____A。

6.电路中 a、b 两点间的电压 $U_{ab}=8$ V,若 a 点电位为 0 V,则 b 点电位为_____。

7.已知 $R_1=5$ Ω,$R_2=7$ Ω,将 R_1、R_2 两个电阻串联接入电源电压 $U=6$ V 的电路中,则 R_1 两端的电压为____V。

8.某电容器的外壳上标注有 224 J/160 V 的参数,其中,J 的含义是_____。

9.有两只电容器,一只容量为 10 μF,耐压为 100 V;另一只容量为 20 μF,耐压为 160 V,把它们串联后使用,其等效电容为____pF。

10.当电流分别从两线圈的_____端同时流入(或者流出)时,两线圈产生的磁通方向相同。

二、判断题(每小题 2 分,共 20 分)

1.若干个电容器并联后,其等效电容比任一只电容器的电容都大。　　　　（　　）

2.某同学说,闭合电路中的一部分直导线在匀强磁场中快速往复地运动,此时,一定会有感应电流产生。　　　　（　　）

3.因为 $R=\dfrac{U}{I}$,所以,当电压 $U=0$ 时,电阻也等于零。　　　　（　　）

4.3 只电阻的比 $R_1:R_2:R_3=2:3:5$,如果将它们并联在电路中,则其电流比为 $I_1:I_2:I_3=5:3:2$。　　　　（　　）

5.用基尔霍夫定律求解支路电流时,解出的电流为负值,说明电流的实际方向与假设的参考方向相反,因此应把原来假设的方向改过来。　　　　（　　）

6.磁体中磁性最强的是在两极。　　　　（　　）

7.回路是电路中任一个闭合的路径,网孔是内部不含支路的回路。　　　　（　　）

8.右手定则可以用于判断电磁感应现象中所有感应电动势的方向。　　　　（　　）

9.一只 220 V/100 W 的灯泡,把它接在 110 V 的电压下工作,此时灯泡的实际功率为 50 W。　　　　（　　）

10.如图1所示,在(a)、(b)、(c)、(d)四个图中,标注正确的图是(a)。　　　(　　)

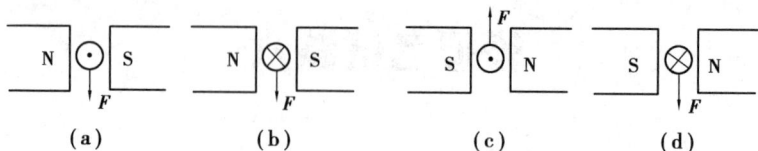

(a)　　　　　(b)　　　　　(c)　　　　　(d)

图1

三、单项选择题(每小题2分,共20分)

1.在如图2所示的电路中,已知 $R_1 = 5\ \Omega$, $R_3 = 10\ \Omega$,可变电阻 R_P 的阻值在 $0\sim25\ \Omega$ 变化。A、B 两端点接 20 V 恒定电压,当滑片上下滑动时,CD 间所能得到的电压变化范围是(　　)。

　A.2.5~15 V　　　B.5~12.5 V　　　C.0~15 V　　　D.5~17.5 V

2.如图3所示,导体 AB 在匀强磁场中按箭头所指方向运动,其结果是(　　)。
　A.不产生感应电动势
　B.有感应电动势,并且 A 点电位高 B 点电位低
　C.有感应电动势,并且 A 点电位低 B 点电位高
　D.都不正确

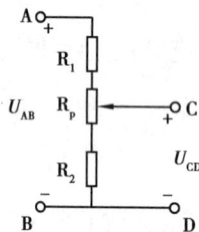

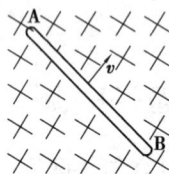

图2　　　　　　　　　　　图3

3.白炽灯的灯丝烧断后重新连接再继续使用,灯泡会(　　)。
　A.变亮　　　　B.变暗　　　　C.不亮　　　　D.与未断前一样亮

4.一根粗细均匀的铜导线,当其两端加上电压 U 时,流过导线的电流为 I,若将它拉长为原来的 2 倍,要使通过的电流不变,则需要加在它两端的电压是(　　)。
　A.$8U$　　　　B.$2U$　　　　C.$4U$　　　　D.$U/4$

5.电路如图4所示,该电路的等效电阻 R_{ab} 为(　　)。
　A.8 Ω　　　　B.6 Ω　　　　C.4 Ω　　　　D.2 Ω

6.如图5所示,条形磁铁从空中落下并穿过空心线圈的过程中,检流计的指针指向电流流入的一端,下列说法正确的是(　　)。
　A.检流计的指针不发生偏转　　　　B.检流计的指针偏向上端
　C.检流计的指针偏向下端　　　　D.检流计的指针先偏向下端,再偏向上端

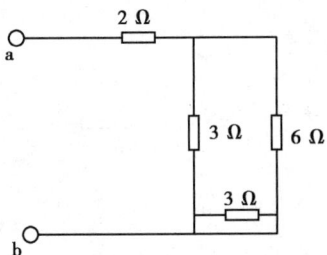

图4

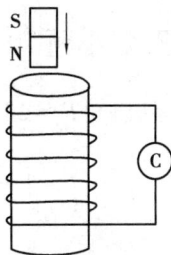

图5

7.两根平行直导线通过相反方向的直流电流时,它们之间的作用力(　　)。

A.互相排斥　　　　B.互相吸引　　　　C.无相互作用　　　D.都不正确

8.电压和电动势的方向是(　　)。

A.电压和电动势都是从高电位点指向低电位点

B.电压和电动势都是从低电位点指向高电位点

C.电压从低电位点指向高电位点,电动势从高电位点指向低电位点

D.电压是从高电位点指向低电位点,电动势是从电源负极指向电源正极

9.某五色环电阻的标注为棕色、红色、黑色、红色、棕色,则它的电阻值和误差分别是(　　)。

A.12 kΩ、±1%　　　B.120 Ω、±2%　　　C.1 200 Ω、±0.5%　　　D.12 Ω、±1%

10.我国规定,在潮湿场所,例如地下室、矿井等场所使用的电气线路、照明灯及其他电器具的安全电压等级是(　　)。

A.42 V　　　　　B.36 V　　　　　C.24 V　　　　　D.12 V

四、简答题(每小题10分,共20分)

1.电阻并联电路有哪些特性? 串联电阻的功率分配有何特点?

2.用支路电流法求解支路电流的步骤有哪些?

五、计算题(每小题 10 分,共 20 分)

1.如图 6 所示,已知 $R_1 = 2 \text{ k}\Omega$,$R_2 = 3 \text{ k}\Omega$,求 A 点的电位。

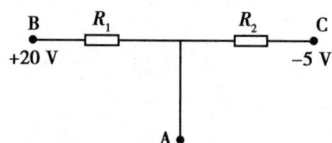

图 6

2.某单位有 40 W 荧光灯 12 盏,平均每天使用 5 h,若一个月以 30 天计,每度电单价为 0.60 元,问每个月应支付多少元电费?